MINT gewinnt Schülerinnen

Sandra Augustin-Dittmann
Helga Gotzmann
(Hrsg.)

MINT gewinnt Schülerinnen

Erfolgsfaktoren von Schülerinnen-
Projekten in MINT

 Springer VS

Herausgeberinnen
Sandra Augustin-Dittmann
TU Braunschweig
Deutschland

Helga Gotzmann
Leibniz Universität Hannover
Deutschland

ISBN 978-3-658-03109-1   ISBN 978-3-658-03110-7 (eBook)
DOI 10.1007/978-3-658-03110-7

Die Deutsche Nationalbibliothek verzeichnet diese Publikation in der Deutschen Nationalbiblio-
grafie; detaillierte bibliografische Daten sind im Internet über http://dnb.d-nb.de abrufbar.

Springer VS
© Springer Fachmedien Wiesbaden 2015

Vorwort I

Die Bedeutung der Berufe im mathematisch-naturwissenschaftlich-technischen Bereich ist für die Zukunft unserer Gesellschaft unumstritten: Gerade die Lösung der anstehenden Aufgaben zu existenziellen Themen wie zum Beispiel Energie, Mobilität, Ernährung, Gesundheit etc. ist nur mit kompetenten Fachkräften vorstellbar. Zu viele MINT-Berufsfelder gelten aber nach wie vor als männliches Territorium, sowohl in den Köpfen von Jugendlichen als auch in denen der Eltern. Schule muss daher ein geschlechtersensibles Bildungsangebot bereitstellen und auf diese Weise dazu beitragen, die Wahlentscheidungen für mathematisch-naturwissenschaftlich-technische Bereiche von geschlechtsspezifischen Stereotypen unabhängig zu machen. Das Entwickeln von Strategien gegen das Reproduzieren bekannter „Berufskulturen" erfordert ein abgestimmtes Vorgehen zwischen den an der MINT-Nachwuchsförderung Beteiligten. Schule ist dabei zentraler Ort der MINT-Bildung.

Eine zielführende Kommunikation innerhalb und außerhalb von Schule ist für eine wirksame Intervention unerlässlich. Dazu bot die Tagung „MINT gewinnt Schülerinnen" das richtige Format, um Antworten auf die zentrale Frage „Was macht MINT-Projekte für Schülerinnen erfolgreich?" gemeinsam zu erarbeiten. Das große Interesse an dieser Tagung seitens der Expertinnen und Experten für die MINT-Berufsorientierung aus den Arbeitsagenturen, Universitäten und Hochschulen, Schulen, Schulbehörden, Unternehmen und Verbänden gibt den Veranstalterinnen und Veranstaltern Recht: Erfolgsfaktoren von MINT-Projekten lassen sich am besten gemeinsam identifizieren. Aufgrund des Engagements des Veranstaltungsverbundes war es möglich, diese Tagung mit einem interessanten und vielseitigen Programm vorzubereiten.

Eine erste Voraussetzung für eine erfolgreiche Ausbildung oder ein Studium ist die sach- und altersgerechte Information über den jeweiligen Bildungsweg und das spätere Berufsfeld. Die daraus resultierende individuelle Entscheidung wird auch maßgeblich von Schule beeinflusst: Die Bedeutung der Lehrkräfte unterstreicht der

Pädagoge Prof. John Hattie in seiner viel beachteten Studie (Hattie, John (2013) Lernen sichtbar machen, Schneider-Verlag, Baltmannsweiler) in besonderer Weise. So können Lehrkräfte etwaigen frühen einseitigen Prägungen der Kinder und Jugendlichen durch ihr persönliches Vorbild und durch ihr pädagogisches Handeln entgegenwirken.

Zum wichtigsten MINT-Lernort mit einem methodisch vielfältigen Angebot wird Schule insbesondere dann, wenn der MINT-Unterricht wirksam unter dem jeweiligen Blickwinkel der Schülerinnen und Schüler gestaltet wird. Dass nach wissenschaftlichen Erkenntnissen die Vermittlung naturwissenschaftlich-technischer Kenntnisse bereits in der Kindertagesstätte angemessene Berücksichtigung finden soll, ist Anlass genug, das Erlernen naturwissenschaftlicher Vorläufer-Kenntnisse und -Fähigkeiten durch die situative Begegnung mit naturwissenschaftlichen Phänomenen im alltagsorientierten Handeln der Kinder zu forcieren. Die Erzieherinnen und Erzieher können schon hier vorbildlich im gewünschten Sinn agieren und ein erwünschtes Rollenverhalten authentisch vorleben.

Studien zeigen dabei, dass die Fächerwahl der Mädchen und Jungen in der gymnasialen Oberstufe von exzellenten Berufs- und Karrierechancen maßgeblich beeinflusst wird. Hier sind auch Rollenvorbilder unerlässlich.

Unser gemeinsames Ziel muss es sein, geschlechtersensibel die jeweiligen Begabungen und Interessen der Jugendlichen so zu fördern, dass tradiertes geschlechtertypisches Wahlverhalten überwunden werden kann. Dazu gilt es, Mädchen und Jungen inhaltlich, methodisch und insbesondere auch emotional gleichermaßen anzusprechen. Berücksichtigt werden muss, dass Interdisziplinarität, Anwendungsbezüge und die soziale Bedeutung des Handelns im MINT-Bereich das Interesse wecken. Die Übertragung von Erfolgen in das Selbstfähigkeitskonzept der Schülerinnen und Schüler ist dabei von großer Bedeutung. Ausgeschärft wird dies durch eine gelingende Feedback- und Reflexionskultur in geschlechtergemischten Gruppierungen.

Nur ein gemeinsamer Lernprozess der Mädchen und Jungen bewirkt Veränderungen innerhalb der alten „MINT-Kulturen". Wir benötigen daher auch die Unterstützung der männlichen Peers, um die positive Selbsteinschätzung der jungen Frauen zu stärken. Die guten Erfahrungen mit einem bereichernden Miteinander helfen beiden Geschlechtern und damit unserer Gesellschaft.

Mein Dank richtet sich an alle Partner und Partnerinnen, die sich für die geschlechtersensible MINT-Nachwuchsförderung in Niedersachsen engagieren. Ihnen allen wünsche ich bei der Umsetzung der geplanten Vorhaben weiterhin viel Erfolg.

Frauke Heiligenstadt
Kultusministerin des Landes
Niedersachsen

Vorwort II

Die Förderung von Schülerinnen im MINT-Bereich ist ein gesamtgesellschaftliches Anliegen. Die vor vier Jahren von der Bundesregierung initiierte Qualifizierungsinitiative auf nationaler und regionaler Ebene hat es sich zum Ziel gesetzt, die Zahl der MINT-Absolventinnen und -Absolventen zu erhöhen und die Orientierung hin zu gewerblich-technischen Berufen und zu MINT-Studiengängen bereits vor und insbesondere in der Schule zu fördern.

Die Herausforderung, mit der sich Politik und Wirtschaft, aber auch Schulen und Universitäten sowie alle im Bereich der MINT-Förderung Engagierten konfrontiert sehen, ist klar zu benennen: Was können wir tun, um mehr junge Frauen für ein Studium oder eine Berufsausbildung in den MINT-Bereichen zu motivieren? Welche Strategien sind nützlich, welche Methoden und Veranstaltungsformate erfolgreich?

Mehr Frauen für MINT-Studiengänge zu gewinnen, bedeutet in Zukunft ein breiteres Spektrum an Ideen und Lösungsmöglichkeiten in Forschung, Lehre und in Unternehmen zu haben. Es ist der Weg, den wir unbedingt weitergehen müssen, auch um dem bestehenden Fachkräftemangel auf dem deutschen Arbeitsmarkt entgegenzuwirken. Als eine der größten akademischen Forschungs- und Ausbildungsstätten in den MINT-Fächern der deutschen Hochschullandschaft stellt sich die Niedersächsische Technische Hochschule (NTH) den Fragen, mit welchen Maßnahmen wir einer nicht gewünschten Entwicklung im MINT-Bereich entgegenwirken und welche Faktoren wir als NTH positiv beeinflussen können.

Gerne möchte ich Ihnen im Folgenden einige Ansätze und Bemerkungen zu unterschiedlichen Aspekten dieses Themenkomplexes erläutern.

Es scheint mir wichtig zu sein, bereits bei den jungen Menschen im Kindergartenalter das Interesse an der Technik und den Naturwissenschaften zu fördern und ihren Drang, den Dingen auf den Grund zu gehen, zu unterstützen. Die Kleinen sind empfänglich für die Faszination der Naturwissenschaften und der Technik. Das Auseinanderschrauben eines Elektrogerätes kann dabei genauso wertvoll sein

wie das Beobachten eines Müllwagens im Einsatz. Aus meiner eigenen Erfahrung
weiß ich, dass man auch ohne „erbliche Vorbelastung" ein Technikinteresse entwickeln kann.

Den nachfolgenden Lebensabschnitt, die Schulzeit, gilt es intensiv zu nutzen,
um das Interesse für die MINT-Bereiche zu fördern und damit eine ausbaufähige
Grundlage für ein späteres Studium oder eine Berufsausbildung zu schaffen. Die
Einbindung technischer Aspekte in interdisziplinäre Schulprojekte, Kooperationen
zwischen Schulen und praxisorientierten Unternehmen sowie Hochschulen eignen sich gut, um die Begeisterung der Schülerinnen und Schüler für Technik zu
wecken. Die Leibniz Universität Hannover hat die Initiative in den vergangenen
Jahren in unterschiedlichen Projekten ergriffen, so haben wir z. B. gemeinsam mit
der Firma Intel die Intel®-Leibniz-Challenge ins Leben gerufen. Einen anderen
bundesweiten Schülerwettbewerb namens Invent-a-Chip veranstalten wir gemeinsam mit dem Verband der Elektrotechnik und Elektronik (VDE) und dem Bundesministerium für Bildung und Forschung. Der alljährlich stattfindende Techniktag
für naturwissenschaftlich interessierte Schülerinnen und Schüler der Region Hannover, den wir gemeinsam mit der Stiftung NiedersachsenMetall ausrichten, ist
ein weiteres bemerkenswertes Projekt im MINT-Bereich. In solchen Kooperations-
projekten können wir den Schülerinnen und den Schülern zeigen, dass die MINT-
Wissenschaften interessant sind, dass sie auch Spaß machen und wir können mit
ihnen zusammen vielleicht auch das Vorurteil ausräumen, es seien außerordentlich
schwierige Disziplinen. Denn es ist fortwährend so, dass an den allermeisten deutschen Universitäten eine große Zahl freier Studienplätze in den MINT-Studiengängen zu beobachten ist – und dies bei einer nach wie vor großen und weiter
steigenden Nachfrage der Industrie nach Absolventinnen und Absolventen.

Auf der Ebene der NTH haben wir bereits vor der Gründung der Allianz im Jahr
2007 ein gemeinsames Projekt zur Motivation von Frauen für eine Hochschulkar-
riere in MINT-Fächern (fiMINT) entwickelt, welches Nachwuchswissenschaftle-
rinnen durch ein zielgruppenspezifisches Angebot an Workshops, Coachings und
maßgeschneiderten Weiterbildungsmaßnahmen fördert. Im Oktober 2012 wurde
fiMINT vom Nationalen Pakt „Komm, mach MINT." aufgrund der hohen Qualität
des Projektes „als Projekt des Monats" ausgezeichnet.

Mit den unterschiedlichen Maßnahmen wollen wir deutlich machen, dass viele
Vorurteile über die MINT-Studiengänge unberechtigt sind. Die meisten sind bekannt: So seien Ingenieure langweilig, das Studium sei zu schwer und von zu großer Dauer und reich werden könne man hinterher schließlich nicht. Wenn sich in
der individuellen Wahrnehmung auch nicht jedes Klischee entkräften lässt, zeigen
wir in diesen Wettbewerben und Projekten jedenfalls, dass es sich um interessante,
spannende und herausfordernde Tätigkeiten handelt.

Die Zahl der offenen Stellen im Ingenieurbereich in Deutschland liegt bei knapp 61.000. Gleichzeitig ist die Arbeitslosigkeit in dieser Berufsgruppe auf ca. 27.000 gesunken, d. h. wir haben derzeit eine rechnerische Lücke von ca. 34.000 Ingenieurinnen und Ingenieuren. Der bestehende Fachkräftemangel wird sich durch die demographische Entwicklung verstärken. Das Durchschnittsalter der deutschen Ingenieurinnen und Ingenieure beträgt heute 50 Jahre. Es ist davon auszugehen, dass in den kommenden zehn Jahren bis zu 450.000 Ingenieurinnen und Ingenieure den Arbeitsmarkt aufgrund ihres Alters verlassen. Selbst unter der positiven Annahme, dass jedes Jahr 40.000 Absolventinnen und Absolventen nachkämen, könnten wir gerade den Ersatzbedarf decken. Der niedrige Anteil Jüngerer unter den Ingenieurinnen und Ingenieuren und die vergleichsweise geringe Anzahl technischer Studienabschlüsse sind Anzeichen dafür, dass der Nachwuchs in diesem Bereich nicht ausreichend gesichert ist. Für ein Land wie Deutschland mit komparativen Vorteilen im Bereich hochwertiger Technologien, das davon lebt, technologische Spitzenleistungen hervorzubringen und zu verkaufen, ist diese Situation nicht hinnehmbar.

Für die Frage, was wir als NTH im Verbund mit der Wirtschaft gegen diesen Mangel tun können, lassen sich folgende ausgewählte Lösungsansätze benennen.

Neben der bereits angesprochenen dringend erforderlichen Erhöhung der Studierendenzahlen sind gezielte Maßnahmen zur Verringerung der Studienabbruch- und -wechselquoten wichtig. Eine stärkere Berufs- und Praxisorientierung des Studiums sowie eine intensivere Betreuung der Studierenden erscheinen mir zielführend. Verschärft wird der Engpass beim wissenschaftlichen Nachwuchs dadurch, dass nicht alle Absolventinnen und Absolventen eines Studiums in den MINT-Fächern dem deutschen Arbeitsmarkt zur Verfügung stehen. Viele von ihnen mit einer ausländischen Staatsbürgerschaft verlassen Deutschland im Anschluss an das Studium, weil unter anderem die bürokratischen und rechtlichen Hürden zu hoch sind, um bei uns zu bleiben.

Noch auffälliger wird das Problem bei dem Anteil der weiblichen Studierenden in den MINT-Fächern. In den ingenieurwissenschaftlichen Studiengängen in Deutschland sind durchschnittlich nur ca. 22 % der Absolventen weiblich, der Anteil der Ingenieurinnen an allen erwerbstätigen Ingenieuren ist mit 15 % noch geringer. Im europäischen Vergleich wird sehr deutlich, dass andere Länder das Potential von Frauen im Ingenieurberuf offensichtlich stärker nutzen. In Schweden beispielsweise ist jeder vierte erwerbstätige Ingenieur weiblich. Dieses Potential gilt es stärker zu aktivieren.

Ähnliches gilt für die große Gruppe junger Menschen mit Migrationshintergrund. Nahezu jedes dritte Kind unter zehn Jahren in Deutschland zählt zu dieser Gruppe. Schauen wir an die Universitäten, dann müssen wir feststellen, dass nur rund 11 % der Studierenden einen Migrationshintergrund haben. Die Förderung und Integration dieser Kinder und Jugendlichen ist deshalb für uns ein Muss. Meiner Ansicht nach können wir es uns weder wirtschafts- noch sozialpolitisch leisten, die Begabungen aus allen Bevölkerungsschichten nicht zu erkennen und für ein Studium in den MINT-Disziplinen nicht zu animieren. Die Ingenieurwissenschaften und die Informatik waren schon immer für junge Menschen aus bildungsfernen Schichten attraktiv, unabhängig von der jeweiligen Sprachkompetenz.

Das Thema des vorliegenden Bandes ist, wie man so schön sagt, „ein weites Feld". Bei all den genannten Einflussgrößen und Maßnahmen dürfen wir eines nicht vergessen: Im Mittelpunkt unserer Thematik stehen junge Menschen, die ihren Weg gehen wollen. Unsere Aufgabe ist es, Sie zu unterstützen, ihre Fähigkeiten und Kompetenzen zu entwickeln und sie zu motivieren, Dinge auszuprobieren. Hierzu leistet dieses Buch einen entscheidenden Beitrag, denn es hält neue Ideen und Lösungen bereit, mit denen die Attraktivität der MINT-Berufe insbesondere für Schülerinnen erhöht werden kann.

Prof. Dr.-Ing. Erich Barke
Präsident der Gottfried Wilhelm Leibniz Universität
Hannover

Vorwort III

Als Vertreterin des Wirtschaftsministeriums nutze ich sehr gerne die Chance, auch – aber nicht nur – als Sachwalterin der Interessen der niedersächsischen Wirtschaft, nachdrücklich dafür zu werben, mehr Mädchen für MINT-Berufe zu begeistern. Die Sicherung des Fachkräftebedarfs ist eine ganz zentrale wirtschaftspolitische Herausforderung der kommenden Dekade. Mittel- bis langfristig werden wir in Niedersachsen mit einer deutlich sinkenden Zahl von Erwerbstätigen und mit einem deutlich steigenden Anteil älterer Beschäftigter an der Gesamtbeschäftigung konfrontiert sein. Der Nachwuchs bleibt hingegen aus. Die Zahl der abgeschlossenen Schulabgängerinnen und -abgänger wird schon in wenigen Jahren in allen Schulformen zurückgehen. Ich halte deshalb in der Tat die Sorge für sehr berechtigt, dass auch in Niedersachsen ansässige Unternehmen zunehmend an ihre Wachstumsgrenzen stoßen, weil nicht genügend Fachkräfte zur Verfügung stehen; mit allen Konsequenzen für die Wertschöpfung und den Wohlstand in der Gesellschaft. Wir im Wirtschaftsministerium sind insoweit dankbar für alle Initiativen, die einen Beitrag dazu leisten, das Thema Fachkräftesicherung zu befördern.

Eine Vielzahl von Maßnahmen und Initiativen zur Verstärkung der Fachkräftebasis haben wir bereits gemeinsam mit Vertreterinnen und Vertretern unterschiedlicher Institutionen auf den Weg gebracht. Und das mit Erfolg, denn das Interesse etwa an den MINT-Fächern und das Engagement zur Erhöhung des weiblichen Nachwuchses in diesem Bereich wächst stetig. Die große Zahl von Teilnehmerinnen und Teilnehmern der dieser Publikation vorausgegangenen Tagung sprach eindeutig für sich.

Ich sehe darin durchaus auch einen Erfolg unserer gemeinsamen Zusammenarbeit in der Qualifizierungsoffensive aus den vergangenen Jahren. Eine Zusammenarbeit, die wir – das betone ich sehr bewusst – gerne auch in Zukunft fortsetzen wollen.

Dabei geht es u. a. um Fragen, die immer wieder gerade auch aus der Wirtschaft an uns herangetragen werden: die Ausbildungsfähigkeit der Schulabgängerinnen und Schulabgänger, Fragen der Berufsorientierung hin zu gewerblich technischen Berufen oder im akademischen Bereich eben hin zu den MINT-Fächern. Und eines ist auch klar: Bei all diesen Aktivitäten müssen wir immer auch den Blick auf die spezifische Situation der Mädchen, der Schülerinnen richten. Denn das Berufswahlspektrum von Frauen zu verändern, darin liegt nicht nur ein ganz entscheidender Hebel für mehr Chancengleichheit, sondern auch ein wesentlicher Ansatzpunkt zur Bewältigung der Fachkräfteproblematik. Und hier gibt es noch einen erheblichen Handlungsbedarf.

Zwar ist der Anteil der Frauen in den MINT-Fächern nach den aktuellen Berechnungen der Geschäftsstelle Nationaler Pakt für Frauen in MINT-Berufen im Studienjahr 2010 im Vergleich zu 2009 um 11 % gestiegen. Damit dürfen wir uns jedoch nicht zufrieden geben.

Der Wettbewerb um hochqualifizierte Köpfe hat sich verstärkt und wird weiter zunehmen. Wir können beobachten, dass in den letzten Jahren der Anteil der Hochschulabsolventinnen und -absolventen an den Beschäftigten in Niedersachsen deutlich gestiegen ist. Zudem zeichnet sich ab, dass auch die Nachfrage nach Fachkräften künftig noch weiter steigen wird. Unsere Wirtschaft verändert sich rasant durch technische Innovationen und wissenschaftlichen Fortschritt. Die Verfügbarkeit qualifizierter und hochqualifizierter Arbeitskräfte wird mehr noch als bislang zu einem Schlüssel für die Wettbewerbsfähigkeit der Wirtschaft. In der Diskussion um den Fachkräftemangel nimmt insoweit der MINT-Bereich eine Schlüsselrolle ein, dies vor allem deshalb, weil die wirtschaftliche und technologische Leistungsfähigkeit Deutschlands und auch Niedersachsens von diesen innovationsstarken Branchen abhängt. Unternehmen in Niedersachsen suchen schon heute dringend Fachkräfte aus den Bereichen Mathematik, Informatik, Naturwissenschaften und Technik.

Aus Anlass der CeBIT 2013 analysierte die Regionaldirektion Niedersachsen-Bremen der Bundesagentur für Arbeit den aktuellen Personalbedarf in der IT-Branche. Dort ist die Zahl der offenen Stellen in den letzten drei Jahren stark angestiegen. Von 475 im Jahr 2010 auf 818 im Jahr 2012. Die Zahl der Arbeitslosen in dieser Berufsgruppe hat zugleich ganz deutlich abgenommen. Die Unternehmen brauchen heute deutlich länger als noch vor zwei Jahren, um eine offene Stelle zu besetzen.

Ähnliche Aussagen hören wir auch aus den Handwerksbetrieben und gewerblich-technischen Industriebetrieben, die ebenfalls zunehmend Schwierigkeiten haben, ihre offenen Stellen zu besetzen.

Eine weitere Zahl, die aufhorchen lässt: Das NIW hat im letzten Jahr die Altersstruktur der in den niedersächsischen Unternehmen beschäftigten Akademiker analysiert. In den Ingenieurberufen sind mittlere und ältere Jahrgänge überproportional vertreten. Im Jahr 2008 waren mehr als 30 % der beschäftigten Ingenieurinnen und Ingenieure älter als 50 Jahre.

Insgesamt werden in der gewerblichen Wirtschaft in Niedersachsen bis spätestens 2025 rund 30.500 Ingenieurinnen und Ingenieure in Rente gehen. Diese freien Stellen müssen mit Nachwuchskräften besetzt werden. Für die Absolventinnen und Absolventen in diesen Fächern ist das eine gute Nachricht. Sie haben auf absehbare Zeit auf dem Arbeitsmarkt hervorragende Chancen - Chancen, die sich vor allem auch die Frauen nicht entgehen lassen sollten. Das ist der eine Grund, warum wir Mädchen und insbesondere Schülerinnen für technische und naturwissenschaftliche Berufe interessieren wollen.

Hinzu kommt, dass sich die Kräfteverhältnisse auf dem Arbeitsmarkt sukzessive umkehren. Als Arbeitgeberinnen und Arbeitgeber sind wir es aus Zeiten hoher Arbeitslosigkeit und starker Jahrgänge immer noch gewohnt, aus einer Vielzahl von Bewerbungen auswählen zu können. Das ändert sich. Für die Unternehmen ist dies eine besondere Herausforderung. Jedes Unternehmen, das seinen spezifischen Arbeitskräftebedarf über einen längeren Zeitraum nicht decken kann, hat ein gravierendes Problem. Unternehmen müssen deshalb systematisch Strategien entwickeln, um qualifiziertes Personal zu rekrutieren und zu halten und vorhandenes Personal zu qualifizieren und weiterzubilden.

Der Stellenwert, den das Thema Vereinbarkeit von Beruf und Familie, von Kinderbetreuungseinrichtungen und familiengerechter Arbeitsorganisation in breiten Kreisen der Wirtschaft inzwischen einnimmt, spricht hier Bände. Und auch das ist etwas, was jungen Frauen glaubwürdig vermittelt werden muss, um Mut zu machen, auch ungewöhnliche Berufswege zu beschreiten.

Das sollen nur einige Stichworte sein, mit denen ich versuchen wollte, den Bogen zu spannen zwischen der wirtschaftspolitischen Herausforderung, den Fachkräftebedarf zu sichern, und der gleichstellungspolitischen Aufgabe, die Teilhabechancen von Frauen zu gewährleisten.

Ute Stahlmann
Abteilungsleiterin Wirtschaftsordnung und Arbeitsmarkt
Niedersächsisches Ministerium für Wirtschaft

Inhaltsverzeichnis

Autoreninnenverzeichnis

Dr. Sandra Augustin-Dittmann ist seit 2011 Gleichstellungsbeauftragte und Leiterin der Präsidialstabsstelle Gleichstellung an der Technischen Universität Braunschweig. Seit 2012 ist sie stellvertretendes Vorstandsmitglied der Landeskonferenz Niedersächsischer Hochschulfrauenbeauftragter (LNHF). Sie war als wissenschaftliche Mitarbeiterin am Institut für Sozialwissenschaften der Technischen Universität Braunschweig mit Schwerpunkten in der Sozial-, Bildungs- und Gleichstellungspolitik tätig und promovierte mit einer Politikfeldanalyse zur Etablierung der Ganztagsschule in Deutschland. Ihre Arbeitsschwerpunkte liegen in den Bereichen der gleichstellungsorientierten Organisationsentwicklung, dem Abbau von Unterrepräsentanz mit Fokus auf den MINT-Fächern, der familiengerechten Hochschule sowie der Integration von Gender-Aspekten in Forschung, Lehre und Verwaltung. Sie hat einen regelmäßigen Lehrauftrag für das Fach „Gender & Diversity" am Institut für Sozialwissenschaften der Technischen Universität Braunschweig.

Aktuelle Publikation im Bereich Gender und MINT-Fächer: Augustin-Dittmann, S. (2014). MINT und darüber hinaus. Gendersensibler Unterricht als Basis einer geschlechtergerechten Gesellschaft. In A. Bartsch & J. Wedl (Hrsg.), *Teaching Gender? Zum reflektierten Umgang mit Geschlecht im Schulunterricht und in der Lehramtsausbildung*. Bielefeld: transcript (im Erscheinen).

Prof. Dr. Corinna Bath hat seit Dezember 2012 die Maria-Goeppert-Mayer-Professur „Gender, Technik und Mobilität" an der Fakultät für Maschinenbau der Technischen Universität Braunschweig und an der Fakultät Maschinenbau der Ostfalia Hochschule für angewandte Wissenschaften inne. Sie studierte Mathematik, Informatik und politische Wissenschaften in Berlin und Kiel und promovierte 2009 zum Thema „De-Gendering informatischer Artefakte. Grundlagen einer kritisch-feministischen Technikgestaltung" in der Informatik an der Universität Bremen. Sie war Postdoktorandin am DFG-Graduiertenkolleg „Geschlecht als Wissenskategorie" an der Humboldt-Universität zu Berlin und arbeitete in verschiedenen

Projekten zur Geschlechter-Technik-Forschung u. a. in Wien, Graz und Lancaster. Zuletzt war sie als Gastprofessorin für das Zertifikatstudium GENDER PRO MINT am Zentrum für Frauen- und Geschlechterforschung der Technischen Universität Berlin tätig.
Aktuelle Publikation im Bereich Gender und MINT-Fächer: Bath, C., Meißner, H., Trinkaus, S., & Völker, S. (2013). *Geschlechter Interferenzen. Wissensformen – Subjektivierungsweisen – Materialisierungen*. Berlin/Münster: Lit-Verlag.

Martina Battistini leitet seit 2009 den Programmbereich „Schüler/innen" bei der Femtec.GmbH und ist verantwortlich für die Orientierungs- und Motivationsprogramme für Mädchen und Jungen, die sich für MINT-Studienfächer und -Berufe interessieren.

Im Projekt „Technik braucht Vielfalt", in dem bundesweit erstmalig regionale Netzwerke zwischen Hochschulen und Migrantenselbstorganisationen aufgebaut wurden, um mehr Mädchen aus Zuwandererfamilien für ein MINT-Studium zu gewinnen, hatte sie die Projektleitung inne.

Die gelernte Diplom-Politikwissenschaftlerin (Schwerpunkt Arbeitsmarkt-, Frauen- und Bildungspolitik) und Journalistin ist seit dem Jahr 2000 im Bereich Nachwuchsförderung für Schülerinnen und Schüler in MINT aktiv, und zwar sowohl im Bereich Hochschule/Studium als auch im Bereich Duale Berufsausbildung. Seit 2013 arbeitet Battistini im Nationalen MINT-Forum in der Arbeitsgruppe „Begabungsreserven" mit. Sie konzipierte für die Universität Potsdam die erste Brandenburgische Sommer-Universität für Schülerinnen in Naturwissenschaft und Technik, die sie von 2000 bis 2002 leitete. Von 2003 bis 2008 wirkte Martina Battistini in verschiedenen europäischen Projekten beim Berliner Bildungsdienstleister LIFE e. V. mit, der vielfältige Orientierungs-, Berufsvorbereitungs- und Ausbildungsangebote für Mädchen und Frauen in technischen, handwerklichen und IT-Berufen sowie Qualifizierung und Beratung für Ingenieurinnen anbietet.

Ines Eckardt studierte Sozialwissenschaften im Diplomstudiengang an der Technischen Universität Chemnitz. Im Anschluss an das Studium arbeitete sie als Projektkoordinatorin im gendersensiblen Projekt „Sommerakademie Informatik: IT is your turn girls!" an der dortigen Fakultät für Informatik.

2011 übernahm sie die Projektkoordination „Frauen gestalten die Informationsgesellschaft" an der Universität Paderborn mit der Kernaufgabe der Durchführung gendersensibler Studien- und Berufsorientierungsangebote.

Als aktives Mitglied im NRW-Netzwerk Frauenforschung beteiligt sich Eckardt mit ihren Forschungsergebnissen zu Studien- und Berufsorientierungsangeboten an der Diskussion zum Gender Mainstreaming. Darüber hinaus verfolgt sie als Mitglied in den DGS-Sektionen Wissenssoziologie und Arbeits- und Industriesoziologie die Entwicklungen auf den Gebieten Visual und Cultural Studies, Technologieentwicklung und Vermarktlichung von Arbeitskraft.

Aktuelle Publikation im Bereich Gender und MINT-Fächer: Eckardt, I., Hillebrandt, J., & Demir, A. (2012). *Verbleibstudie unter den Teilnehmerinnen an Studien- und Berufswahlangeboten des Projektes ‚Frauen gestalten die Informationsgesellschaft‘ der Jahre 2006-2010.* http://groups.uni-paderborn.de/women/downloads/VBS.pdf.

Helga Gotzmann ist Diplom-Sozialwissenschaftlerin und Gleichstellungsbeauftragte der Niedersächsischen Technischen Hochschule und der Leibniz Universität Hannover. Ferner wirkt sie als Mitglied in Ausschüssen und Kommissionen der Stadt und der Region Hannover und Gender Impuls. Seit 1993 arbeitet sie als Leiterin des Gleichstellungsbüros der Leibniz Universität. Ihre fachlichen Schwerpunkte sind Gleichstellungspolitik, Personalentwicklung, Konfliktmanagement, Qualifizierungsprogramme und Projekte. Sie nimmt Lehraufträge an der Hochschule für Angewandte Wissenschaft und Kunst Hildesheim / Holzminden / Göttingen und an der Leibniz Universität Hannover zu den Themen Gender Mainstreaming und Diversity Management wahr.

Aktuelle Publikation im Bereich Gender und MINT-Fächer: Franzke, A., & Gotzmann H. (Hrsg.). (2006). *Mentoring als Wettbewerbsfaktor für Hochschulen. Strukturelle Ansätze der Implementierung.* Hamburg/Münster: Lit-Verlag.

Dr. Armgard von Reden besetzte von 2012 bis 2013 die Gastprofessur für Gender und Diversity an der Leibniz Universität Hannover und hat 2014 den Lehrauftrag „Interkulturelles, internationales Diversity- und Datenschutzmanagement" inne. Bis Oktober 2011 war sie Direktorin bei der IBM, zuletzt Leiterin des Verbindungsbüros für Deutschland, Russland und die CIS-Staaten. In der Geschäftsleitung der IBM leitete sie den German Women's Leadership Council der IBM. Zu ihrem Bereich gehörten ferner die technische Unternehmensvertretung in Deutschland und Europa, die Verbands- und Universitätsbeziehungen und CSR. Von 2001 bis 2010 war sie gleichzeitig Chief Privacy Officer der IBM Europe, Middle East and Africa. Ihre Schwerpunkte sind Interkulturalität und Diversity Management.

Aktuelle Publikation im Bereich Gender und MINT-Fächer: von Reden, A. (2011). Frauen im Konzernmanagement in der IT-Branche. In S. Ihsen S. (Hrsg.), *... und kein bisschen leise! Festschrift für Prof. Barbara Schwarze. TUM Gender- und Diversity-Studies* (Bd. 2., S. 144–1501). Berlin: Lit-Verlag.

Prof. Dr. Barbara Schwarze ist Soziologin und Professorin für Gender und Diversity Studies an der Hochschule Osnabrück. Die Professur ist der Fakultät Ingenieurwissenschaften und Informatik zugeordnet, dort befindet sich auch das kollegial aufgebaute Labor für Produkttests und Gender und Diversity Research.

Prof. Schwarze ist Sprecherin des Innovationszentrums Gender, Diversity, Interkulturalität an der Hochschule Osnabrück. In ehrenamtlicher Funktion ist sie Vorsitzende des Kompetenzzentrums Technik – Diversity – Chancengleichheit in Bielefeld und Mitglied des Präsidiums der Initiative D21, einem bundesweiten Zusammenschluss von ca. 200 Unternehmen der Informations- und Kommunikationstechnikbranche.

Ihre Arbeits- und Forschungsschwerpunkte liegen im Bereich der Studien- und Berufsorientierung, dem Fachkräftenachwuchs, Gender und Diversity als Innovationsfaktoren und Frauen im Management. Prof. Schwarze ist u. a. Mitglied in VDI und VDE, im Hochschulrat der Hochschule Ostwestfalen-Lippe und Vorsitzende des Beirats für den Kongress WoMenPower der Hannover Messe Industrie.

Aktuelle Publikation im Bereich Gender und MINT-Fächer: Schwarze, B. (2011). Lasst sie doch denken! In W. Wentzel, S. Mellies, & B. Schwarze. (Hrsg.), *Generation girls' day* (S. 235–252). Budrich: Opladen.

Eva Viehoff ist studierte Diplom-Agraringenieurin. Nachdem sie im Rahmen ihrer Anstellung beim Alfred-Wegener-Institut Helmholtz-Zentrum für Polar- und Meeresforschung die Aufgaben der Frauenbeauftragten übernommen und diese Verantwortung acht Jahre lang wahrgenommen hatte, ist sie seit August 2008 als Koordinatorin in der Geschäftsstelle des Nationalen Pakts für Frauen in MINT-Berufen „Komm, mach MINT." tätig. Viehoff ist Expertin in Fragen zu Mädchen und Frauen in MINT, mit besonderer Expertise zu Frauen in Naturwissenschaft und Technik, Frauen in Führungspositionen sowie Gender in Naturwissenschaft und Technik. Im Projekt „Komm, mach MINT." koordiniert sie das Netzwerk und ist u. a. beteiligt an der Beratung und Strategieentwicklung. Eva Viehoff hat drei erwachsene Kinder und lebt in Norddeutschland.

Einleitung

Sandra Augustin-Dittmann und Helga Gotzmann

„Phantasie ist wichtiger als Wissen, denn Wissen ist begrenzt" soll Albert Einstein gesagt haben. Das bedeutet, dass Phantasie alles Wissen beinhaltet und Wissen auf die Phantasie angewiesen ist; das heißt ebenfalls: Alles, was gedacht werden kann, kann auch Realität werden. Für den Start von gesellschaftlichen Veränderungsprozessen ist beides unentbehrlich, sowohl das Wissen zum Verstehen der Handelnden als auch die Phantasie für die Entstehung von Visionen und Neuem.

Die vorliegende Publikation dokumentiert die Beiträge der Veranstaltung „MINT gewinnt Schülerinnen", einer Tagung zum Thema Erfolgsfaktoren von Schülerinnen-MINT-Projekten, die am 7. März 2013 in Hannover stattfand. Ziel der Tagung war es, in Verbindung von Theorie und Praxis Kriterien für den Erfolg der zahlreich angebotenen MINT-Projekte und -Programme für Schülerinnen zu identifizieren.

Auf die Notwendigkeit, sich aktuell mit den Veränderungsmöglichkeiten der Berufswahl von Schülerinnen und Schülern zu befassen, wiesen im Rahmen der Tagung zunächst Erich Barke, Vorsitzender der Niedersächsischen Technischen Hochschule, und Ute Stahlmann, Niedersächsisches Ministerium für Wirtschaft, hin. Einen Einblick in den komplexen Prozess der Berufs- und Studienorientierung

S. Augustin-Dittmann (✉)
Technische Universität Braunschweig, Braunschweig, Deutschland
E-Mail: s.augustin-dittmann@tu-braunschweig.de

H. Gotzmann
Leibniz Universität Hannover, Hannover, Deutschland
E-Mail: helga.gotzmann@gsb.uni-hannover.de

© Springer Fachmedien Wiesbaden 2015
S. Augustin-Dittmann, H. Gotzmann (Hrsg.), *MINT gewinnt Schülerinnen,*
DOI 10.1007/978-3-658-03110-7_1

1

bei jungen Frauen bot mit ihrem Impulsvortrag Barbara Schwarze, Professorin für Gender und Diversity Studies an der Hochschule Osnabrück. Einen Überblick über Prioritäten der Berufswahl von jungen Frauen und Männern sowie die bestehenden Geschlechterstereotype in der Produktentwicklung präsentierte Armgard von Reden, Gastprofessorin für Gender und Diversity an der Leibniz Universität Hannover.

Für den theoretischen Input sorgten fachkompetente Referentinnen, die sich anhand von Studien und theoretischen Beiträgen mit dem Thema auseinandergesetzt haben. Dies waren: Ines Eckardt, seinerzeit Promovendin im Fach Soziologie an der Universität Paderborn, Martina Battistini, Leiterin des Programmbereichs „Schülerinnen" bei der Femtec.GmbH und verantwortlich für die Orientierungs- und Motivationsprogramme für Mädchen und Jungen, die sich für MINT-Studienfächer und -Berufe interessieren, sowie Corinna Bath, Inhaberin einer Maria-Goeppert-Mayer-Professur (MGM) „Gender, Technik und Mobilität" an der Technischen Universität Braunschweig und der Ostfalia Hochschule für angewandte Wissenschaften. Sie leiteten die Workshops inhaltlich ein und diskutierten ihre Thesen mit den Teilnehmerinnen und Teilnehmern. Für den praktischen Fachinput waren Projektverantwortliche aus Schulen, Hochschulen, der Agentur für Arbeit, den Ministerien und der Industrie eingeladen und gekommen. Zusammen mit 120 Expertinnen und Experten war es gelungen, einen intensiven Austausch zu führen und die folgenden Fragen zu diskutieren: Unter welchen Umständen sind MINT-Projekte erfolgreich? Wie gelingt es, dass sich Schülerinnen später tatsächlich für MINT-Berufe entscheiden? Durch jeden Workshop begleitete eine Moderatorin. Die Ergebnisse wurden festgehalten, ausgewertet und am Ende der Veranstaltung präsentiert. Durch den Tag begleitet wurden die Teilnehmerinnen und Teilnehmer von Senol Keser, dem Vorsitzenden des Moderationsvereins Bielefeld – MOVE.

Initiiert und konzipiert wurde die Tagung gemeinsam von der Qualifizierungsoffensive Niedersachsen und den Gleichstellungsbeauftragten der Niedersächsischen Technischen Hochschule. Als Ausgangssituation diente die Motivation, Erfolgsfaktoren von Schülerinnenprojekten aus den Bereichen Technik und Naturwissenschaften zu finden und zu präsentieren. Eine Arbeitsgruppe bestehend aus Expertinnen und Experten sowie Verantwortlichen für Berufsorientierung von Schülerinnen und Schülern der Niedersächsischen Technischen Hochschule, der Qualifizierungsoffensive Niedersachsen, der Bundesagentur für Arbeit der Regionaldirektion Niedersachsen-Bremen, der Stiftung NiedersachsenMetall, der Industrie- und Handelskammer Hannover und des Verbandes der Chemischen Industrie e. V., Landesverband Nord und Niedersachsen sowie des Niedersächsischen Kultusministeriums plante und organisierte die Tagung „MINT gewinnt Schülerinnen – Erfolgsfaktoren von Schülerinnenprojekten in den MINT-Fächern".

Die ersten Schritte waren die Erstellung einer Übersicht der laufenden Projekte und Programme sowie eine Befragung der Projektverantwortlichen von MINT-Projekten für Schülerinnen an niedersächsischen Hochschulen, der Agentur für Arbeit und einzelner Unternehmen. Die zentrale Frage lautete, welche Faktoren für ein Projekt wichtig sind, um Schülerinnen für MINT-Berufe zu interessieren.

Dieser Tagungsband möchte die vielfältigen und herausragenden Inhalte und Ergebnisse der Tagung „MINT gewinnt Schülerinnen" an interessierte Projektträger, Gleichstellungsbeauftragte, Berufsberaterinnen und Berufsberater, Fachpersonal von Ministerien und Unternehmen weitergeben. Es werden der Veranstaltungsverlauf dokumentiert und die Eingangsvorträge präsentiert. Die Beiträge der Workshop-Referentinnen sowie die Ergebnisse und Empfehlungen der Workshops werden ausführlich dargestellt.

1 Der lange Weg zur Chancengleichheit

Die Arbeitswelt ist nach Geschlechtern segregiert. Die Berufs- und Studienwahl von Schülerinnen und Schülern ist nach wie vor geschlechtstypisch (Prechtl 2014). Insbesondere in den technischen Männerdomänen wie Maschinenbau, Elektrotechnik und Physik ist der weibliche Nachwuchs unterrepräsentiert.

Die Ursachen der geschlechtstypischen Berufswahl im deutschen Ausbildungs- und Bildungssystem gehen auf die historische Ausgrenzung von Frauen aus der Berufswelt und ihre Verortung in der Arbeit im Haus und in der Familie zurück. Auch in Zeiten einer hochmodernen Gesellschaft spielen diese Geschlechtsrollenstereotypen bei der Identitätsbildung eine zentrale Rolle.

Dass Frauen überhaupt an den Universitäten zugelassen werden konnten, erreichte zu Beginn des 20. Jahrhunderts die erste Frauenbewegung gegen starke politische Widerstände. „Im Sommersemester 1904 wurde Frauen auf königlichen Erlass das ordentliche Studium an der Universität Tübingen erlaubt. Dem vorangegangen war ein jahrzehntelanges Ringen eigens zur Beförderung des Frauenstudiums gegründeter Vereine um die Beteiligung von Frauen an der akademischen Bildung."[1] 1906 wurde Anna Martha Kannegiesser als erste Frau an der Medizinischen Fakultät der Ruprecht-Karls-Universität zu Heidelberg promoviert.[2]

---

[1] Vgl. „100 Jahre Frauenstudium an der Universität Tübingen 1904–2004 – Historischer Überblick, Zeitzeuginnenberichte und Zeitdokumente." http://www.uni-tuebingen.de/frauenstudium/.

[2] http://www.uni-heidelberg.de/institute/fak5/sonstiges/timeline/frauen.html.

Nach mehr als einem Jahrhundert Frauenstudium belegen die Statistiken eine hohe Unterrepräsentanz von Frauen in zahlreichen Fächergruppen, Gremien und Vorständen. Frauen sind in den meisten Bereichen noch lange nicht gleich stark vertreten wie Männer. Diese Ungleichheit will auch die Bundesregierung verändern und hat sie zum Gegenstand des Koalitionsvertrags vom 27.11.2013 gemacht. Über die Erhöhung der Zahl von Frauen in Führungspositionen wurde der Anspruch erhoben, den Anteil weiblicher Führungskräfte in Deutschland zu erhöhen. In diesem Zusammenhang wurden zu Beginn der 18. Wahlperiode des Deutschen Bundestages Geschlechterquoten in Vorständen und Aufsichtsräten in mitbestimmungspflichtigen und börsennotierten Unternehmen gesetzlich eingeführt, sodass Aufsichtsräte, die ab dem Jahr 2016 neu besetzt werden, eine Geschlechterquote von mindestens 30 % aufweisen sollen (Bundesregierung 2013, S. 72).

Nicht nur die Zahlen von Frauen in Führungspositionen und -etagen steigen langsam, sondern auch die Zahlen der Studentinnen und weiblichen Auszubildenden in den MINT-Fächern. Die Abkürzung MINT, die für Mathematik, Informatik, Naturwissenschaften und Technik steht, ist zu einem Synonym für den Fachkräftemangel und in Hochschulen wie Wirtschaftsunternehmen für Aktivitäten zur Bewerbung von Frauen in naturwissenschaftlich-technischen Berufen geworden. Das Kürzel ist inzwischen weit verbreitet, wird es doch in zahlreichen Kontexten und unterschiedlichen thematischen Bezügen kommuniziert, beispielsweise durch die Bundesinitiative „Komm, mach MINT.", den nationalen Pakt für Frauen in MINT-Berufen.

Dabei ist zu beachten, dass bei den MINT-Fächern unterschieden werden muss zwischen Studienfächern sowie Berufen mit einem hohen Anteil von Frauen und denen mit einem sehr geringen Anteil, wie z. B. den Ingenieurwissenschaften, speziell die Fächer Elektrotechnik und Maschinenbau betreffend, in denen Studentinnen im Bundesschnitt mit aktuell 15 % vertreten sind. Im Gegensatz dazu studieren in den naturwissenschaftlichen Studiengängen wie Biologie und Chemie 40 bis 60 % Frauen (Statistisches Bundesamt 2013, S. 36).

Nach Angaben des Instituts für Arbeitsmarkt- und Berufsforschung (IAB) waren im Jahr 2011 in Deutschland 26,7 Mio. Menschen sozialversicherungspflichtig beschäftigt, darunter 12,3 Mio. Frauen. Das entspricht einem Frauenanteil von 46 %. Von diesen 12,3 Mio. Frauen sind 0,7 % (90.685) als Ingenieurinnen beschäftigt. Die insgesamt 708.476 Ingenieurinnen und Ingenieure machen rund 2,7 % aller sozialversicherungspflichtig Beschäftigten aus (vgl. IAB 2013).

Im Jahr 1999 lag die Gesamtzahl der sozialversicherungspflichtig beschäftigten Ingenieurinnen und Ingenieure in Deutschland noch bei 637.935. Bis 2011 stieg sie um etwa 11 % auf 708.476, eine Entwicklung, die im Wesentlichen auf den Zuwachs von Frauen zurückzuführen ist: Im selben Zeitraum erreichte die Zahl

Tab. 1 Berufe im Spiegel der Statistik, nach IAB 2013

Sozialversicherungspflichtig beschäftigte Ingenieurinnen und Ingenieure

Jahr	Frauen	Männer	Gesamt	Frauenanteil
2011	90.685	617.791	708.476	13 %

der Ingenieurinnen einen beträchtlichen Zuwachs von 48 %, während der Männer-
anteil nur leicht, nämlich um 7 % anstieg (vgl. IAB 2013).

Der in der Tabelle 1 genannte, mit 13 % bezifferte Anteil der beschäftigten Ingenieurinnen ist niedriger als die Zahl der Absolventinnen im Studienbereich Maschinenbau und Verfahrenstechnik. Im Prüfungsjahr 2011 lag der Anteil von Frau-
en, die ihr Studium im Maschinenbau abschlossen, bei 18 %. Insgesamt schlossen
in diesem Jahr 26.984 Studierende ihr Ingenieurstudium ab, von denen 5.050 weiblich sind und 21.934 männlich.[3] Dass die Tendenz steigend ist, belegen die Zahlen
der Studienanfängerzahlen in der Fächergruppe der Ingenieurwissenschaften des
Jahres 2011, wie in der Abb. 1 zu sehen ist.

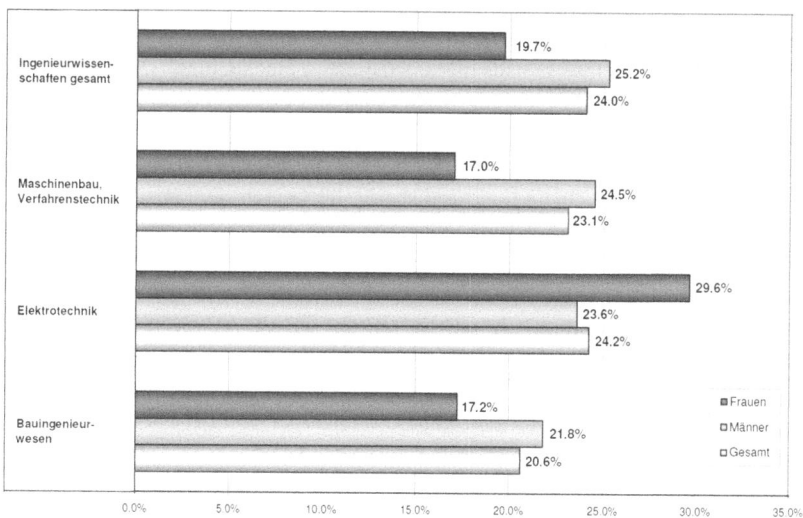

Abb. 1 Entwicklung der Studienanfängerinnen und Studienanfänger (1. FS) in ausgewählten Studienbereichen 2011 (Veränderungen zum Vorjahr 2010 in Prozent). (© Kompetenzzentrum Technik – Diversity – Chancengleichheit, 2013)

---

[3] http://www.kompetenzz.de/Daten-fakten/Studium#astudienanfaengerinnen_und_studien-
anfaenger_in_der_faechergruppe_ingenieurwissenschaften_im_studienjahr_2011_1.

2 Geschlechtsspezifische Segregation bei der Berufsorientierung

Trotz leichter Veränderungen in der Berufswahl und der steigenden Tendenz der Zahl von Frauen in MINT-Berufen zeichnen sich spezifische Herausforderungen ab. Denn im deutschsprachigen Raum wählt die Mehrheit der jungen Frauen und jungen Männer ihre Berufe „klassisch" nach traditionellen Rollenbildern aus. Die geschlechtertypische Wahl der Ausbildungsberufe sowie der Studienfächer wird dadurch deutlich, dass sich junge Frauen häufig für die Ausbildung in sogenannten Frauenberufen entscheiden sowie sehr viel häufiger für ein Studium im Bereich der Sprach-, Kultur- und Sozialwissenschaften. Männer hingegen präferieren eher technische Ausbildungsberufe und die Ingenieurwissenschaften.

In dem in diesem Band abgedruckten Beitrag von Armgard von Reden zeigen die Tabellen, anhand derer die Berufswahlprioritäten von Frauen und Männern ablesbar sind, dass Berufe, die sich durch Sprachkompetenzen, pflegerische und soziale Kompetenzen auszeichnen, vorwiegend von Frauen gewählt und ausgeübt werden. Männer hingegen wählen mehrheitlich Berufe, in denen technisches Verständnis und technische Kompetenz gefordert ist, sowie Berufe, die im Durchschnitt besser vergütet werden als die sogenannten Frauenberufe.

Erste Neuorientierungen bei der Berufswahl gibt es auch bei jungen Männern, die sich von den klassischen Berufskarrieren abwenden und sich aktuell auch für soziale Berufe interessieren. „Mir gefällt, dass ich mich körperlich anstrengen kann, fast schon wie in einem Handwerksberuf. Ich brauch' Action, und die hast du auf der Intensivstation. Außerdem komme ich beruflich sowieso besser mit Frauen klar!", gibt z. B. Krankenpfleger Martin an. „Das war vielleicht vor 20 Jahren so, dass Erziehung und Heilerziehungspflege ein reiner Frauenberuf war", meint Heilerziehungspfleger Marc. „Aber heute ist das doch ganz anders. 70 % meiner Freunde machen einen sozialen Beruf."[4]

Das Dachprojekt der Schweizer ICT „Entscheidungskriterien Schweizer Jugendlicher bei der Berufswahl" (Bietenhard et al. 2011) fand 2011 in einer Studienrecherche heraus, dass bei der Berufswahl folgende Beeinflussungen ganz oben stehen:

1. Eltern und Gleichaltrige sind die stärksten Beeinflusser der Jugendlichen in deren Berufswahl (grundsätzliche Entscheidungen, Persönlichkeitsfragen, Bewerbung).

---

[4] Soziale Berufe kann nicht jeder: http://www.soziale-berufe.com/inhalt/jungs-sozialen-berufen.html (19.06.2014).

2. Lehrpersonen und die Berufsberatung nehmen ebenfalls eine wichtige Rolle ein (inhaltliche Fragen rund um die Lehre).
3. Schnupperlehren sind wichtige Wegweiser auf dem Weg zur Lehrstelle und werden von den Jugendlichen rege genutzt, um sich eingehend über ein Berufsfeld informieren zu können.

Unterschiede zwischen Jungen und Mädchen werden hier nicht explizit herausgearbeitet
Bei jungen Frauen wie auch bei jungen Männern spielen Vorstellungen zu ihren zukünftigen Lebensverlaufsmodellen bei der Berufswahl eine wichtige Rolle. Junge Männer sehen sich bei der Berufswahl häufig in der Verpflichtung, perspektivisch die Rolle des Familienernährers einzunehmen. Bei den Frauen ist es ähnlich: Sie wählen die noch immer vorrangig traditionellen Frauenberufe, um die Rolle der Familien- und Sorgearbeit übernehmen zu können (Allmendinger 2009, S. 65).

Hinzu kommt, dass die sogenannten Frauenberufe in der Regel „diskriminierende und selektive" Kriterien aufweisen. Sie werden schlechter bezahlt. Der *Gender Pay Gap* lag 2013 in Deutschland bei 22 %.[5] Es sind sogenannte Sackgassenberufe ohne Karriere- und Aufstiegschancen, in denen es somit an Möglichkeiten mangelt, sich auch finanziell nach langjähriger Berufstätigkeit wesentlich zu verbessern.

Wie bereits erwähnt spiegelt sich auch bei der Studienwahl das klassische Rollenverständnis von Frauen und Männern wider und mündet in die klassisch-traditionellen Studienfächer. Der hohe Anteil von Männern in den technischen Fächern eröffnet ihnen in der Regel Positionen mit guten Verdienstaussichten und guten bis hervorragenden Aufstiegsmöglichkeiten. Einen hohen Frauenanteil findet man dagegen in den sozialen Berufen wie Pädagogik, in pflegerischen Berufen und in administrativen Bereichen wie in den Ministerien sowie im Wissenschaftsmanagement sind Frauen ebenfalls stark repräsentiert. Dies sind in der Regel akademische Berufe mit einem guten Gehalt, aber mit geringen Aussichten auf herausragende Verdienstmöglichkeiten und kaum Aufstiegschancen. Als „Frauenberufe" gelten sie, weil sich diese Berufe hervorragend für eine Teilzeittätigkeit eignen und damit in besonderem Maße die Vereinbarkeit von Beruf und Familie ermöglichen.

Zur Herstellung der Chancengleichheit für Frauen und Männer leisten Universitäten, Hochschulen und Unternehmen schon seit den 1990er-Jahren große personelle und finanzielle Anstrengungen, entwickeln und bieten Programme und Projekte an, um Schülerinnen für technische Studiengänge zu interessieren und zu motivieren (vgl. Gemeinsame Wissenschaftskonferenz 2011).

---

[5] Vgl. http://www.equalpayday.de/statistik (20.06.2014).

Eine der ersten Ideen, um Schülerinnen für technische Studiengänge zu interessieren, war die Präsentation von sogenannten Role Models. Mädchen und junge
Frauen, die bis zur Berufswahl keine und nur wenig Kontakte mit Frauen in technischen Berufen gehabt hatten, sollten dadurch Berufsbiografien von Ingenieurinnen kennenlernen. Damit wurde der Abbau von Ängsten und Berufsstereotypen
bezweckt (vgl. Gemeinsame Wissenschaftskonferenz 2011). Der Phantasie waren
und sind dabei fast keine Grenzen gesetzt. Ausgangspunkt waren die ersten Analysen der Zahlenverhältnisse von Studentinnen und Studenten, institutioneller Selbst-
berichte und der Veröffentlichungen zur Ungleichheitsforschung sowie zu Beginn
des 21. Jahrhunderts die Präsentation der Ergebnisse des Kompetenzzentrums in
Bielefeld und des Zahlenmaterials des nationalen Paktes „Komm, mach MINT".
Auch die Erkenntnis, dass Schülerinnen und Schüler ihre Berufs- und Studienwahl
in der Regel nach traditionellen geschlechtstypischen Rollenmustern treffen, führte
in der Frauen- und Gleichstellungsarbeit zur Entwicklung und Durchführung von
zahlreichen Informationsangeboten, Programmen und Projekten, die in vielfältigen Formaten angeboten werden und aufeinander aufbauend sind.

Diese Programme werden während des Studiums für Studentinnen fortgesetzt
durch Workshopformate, Kompetenzgruppen bis hin zu Führungskräftetrainings
zum Erlernen von Schlüsselqualifikationen. Die Konzepte dienen in erster Linie
dazu, ein ausgewogenes Zahlenverhältnis der Geschlechter zu erreichen. Ein weiteres Ziel ist es, Diversity zu verankern, um Chancen und das vorhandene Potenzial zu nutzen und zu erkennen, damit durch eine Vielfalt von Forscherinnen und
Forschern neue, andere und innovative wissenschaftliche Fragestellungen entwickelt werden können.

Ein weiterer wichtiger Grund zur Intervention ist der aktuell prognostizierte
Fachkräftemangel in naher Zukunft, der dazu führt, dass Arbeitgeberverbände,
Unternehmen, die Agenturen für Arbeit und arbeitgebernahe Stiftungen aktiv werden, die Bewerbung von Frauen in MINT-Berufe zu fördern. Darüber hinaus ist
der prognostizierte demografische Wandel ein Motor, junge Menschen in die technischen Berufe zu steuern, um die Rolle Deutschlands als globale Wissensgesell-
schaft zu halten und zu stärken.

3 Entstehungsgeschichte der Tagung

Die Zusammenarbeit der Qualifizierungsoffensive Niedersachsen und den Gleichstellungsbeauftragten der Niedersächsischen Technischen Hochschule war 2012
der Motor dafür, dass sich Verbände und Ministerien mit den verschiedenen MINT-
Programmen für Schülerinnen in Niedersachen auseinandersetzen. Die vielfältige

und kompetente Zusammensetzung hat dazu beigetragen, dass Themen zum künftigen Fachkräftemangel, besonders aber die Frage nach den Motivationsaspekten in Bezug auf die Erhöhung des Anteils von Frauen in den MINT-Fächern und -Berufen diskutiert wurden. Dies erfolgte unter dem Aspekt, Technikerinnen, Ingenieurinnen und Naturwissenschaftlerinnen für die Wissenschaft und die Wirtschaft zu qualifizieren und sie zu halten. Es besteht Einigkeit darüber, dass sich dafür die Unternehmen und Hochschulen neu aufstellen müssen, um ihre Organisationsstrukturen dem weiblichen Personal hinsichtlich der Welcome-Strukturen und der Vereinbarkeit von Beruf und Familie besser anzupassen. Nach wie vor werden dafür Teilzeitstellen benötigt sowie Angebote zur Kinderbetreuung und Möglichkeiten der flexiblen Arbeitszeiteinteilung.

Da jedoch der Gesamtanteil von Frauen in Ingenieurberufen, wie oben dargestellt, noch sehr gering ist, nämlich bei 13 % liegt, lautet die wichtigste Frage in diesem Zusammenhang: Wie kann es gelingen, mehr Frauen in diesen Berufen auszubilden? Angesichts der zahlreichen MINT-Angebote für Schülerinnen sowohl in den Unternehmen als auch in den Hochschulen, der Agentur für Arbeit, den Stiftungen und in den Verbänden ist der messbare Nutzen und sichtbare Erfolg nur in kleinen Zahlen auszuweisen.[6]

Die Arbeitsgruppe der Qualifizierungsoffensive Niedersachsen konstituierte sich als Veranstaltungsverbund und organisierte die Tagung „MINT gewinnt Schülerinnen". Organisatorisch beteiligt waren Sandra Augustin-Dittmann (Technische Universität Braunschweig), Helga Gotzmann (Leibniz Universität Hannover), Margrit Larres (Technische Universität Clausthal), Olaf Brandes und Elke Peters (Stiftung NiedersachsenMetall), Arne Hirschner (Industrie- und Handelskammer Hannover), Ina Küper (Verband der Chemischen Industrie e. V., Landesverband Nord), Matthias Wiesbrock (Bundesagentur für Arbeit, Regionaldirektion Niedersachsen-Bremen) sowie Burkhard Vettin und Annegret Tengen (Niedersächsisches Kultusministerium). Die Tagung wurde durch die Eigenbeteiligung der Einrichtungen umgesetzt und erhielt zusätzliche finanzielle Mittel vom Niedersächsischen Ministerium für Wissenschaft und Kultur.

Grundlage der inhaltlichen Planung waren folgende Überlegungen: Was kann getan werden, um mehr junge Frauen für ein Studium oder eine Berufsausbildung in den MINT-Bereichen zu beraten, zu motivieren und zu begeistern? Welche Strategien sind nützlich, welche Methoden und Veranstaltungsformate erfolgreich? Ausgehend von diesen Fragen wurden Referentinnen und Referenten gesucht, die mögliche Antworten hatten.

---

[6] Vgl. dazu die Beiträge von Ines Eckhardt und Eva Viehoff in der vorliegenden Publikation.

Die Tagung richtete sich an Expertinnen und Experten, die sich zur Aufgabe gemacht haben, das Berufswahlspektrum von Frauen zu verändern:

- Projektmitarbeiterinnen und Projektmitarbeiter, die MINT-Projekte für Schülerinnen entwickeln und durchführen,
- Lehrerinnen und Lehrer, die an MINT-Schulen und MINT-freundlichen Schulen ebenfalls durch zahlreiche Aktivitäten Mädchen und junge Frauen informieren,
- Berufsberaterinnen und Berufsberater, die bei der Beratung zur Berufswahl eine ganz besondere Aufgabe haben,
- Verantwortliche aus den Ministerien, die ebenfalls die Verantwortung dafür tragen, klassische Rollenklischees aus den Schulen zu verbannen,
- Berufsverbände, die dringend Fachpersonal benötigen und die Genderthematik dazu bearbeiten,
- technische Universitäten und Hochschulen, die im Rahmen der Gleichstellungspolitik den Anteil von Studentinnen in den technischen Fächern erhöhen wollen.

Durch diese vielfältige Zusammensetzung der Teilnehmerinnen und Teilnehmer erhielt die Veranstaltung eine herausragende Fachkompetenz. Die hier Zusammengekommenen brachten ihr Wissen ein und führten ergebnisorientierte Diskussionen zu lebhaften Visionen.

4   Zusammenfassung der Grußworte und Impulsvorträge

Die Grußwarte hielten Persönlichkeiten aus Politik und Wissenschaft. Erich Barke ist der Vorsitzende der Niedersächsischen Technischen Hochschule (NTH) und Präsident der Leibniz Universität Hannover. Als Professor für Mikroelektronische Systeme ist er in einem Fachgebiet zu Hause, in dem sehr wenige Frauen studieren und arbeiten. Er betonte die Wichtigkeit und die Aktualität der Tagung und wies darauf hin, wie bedeutsam es ist, jetzt das Berufswahlspektrum von jungen Frauen hinsichtlich technischer Berufe stärker zu beeinflussen, um mit gut ausgebildeten technischen Nachwuchskräften dem anstehenden Fachkräftemangel entgegenzuwirken. Mehr Frauen für MINT-Studiengänge zu interessieren bedeute auch, in Zukunft ein breiteres Spektrum an Ideen, Visionen und Lösungsmöglichkeiten in Forschung, Lehre und Wirtschaft zu haben.

Ute Stahlmann, Abteilungsleiterin Wirtschaftsordnung und Arbeitsmarkt im Niedersächsischen Ministerium für Wirtschaft, begrüßte die Teilnehmenden mit dem Hinweis auf die besonderen Erfordernisse einer sich rasant verändernden

Wirtschaft und verwies auf die dringliche Notwendigkeit der Verfügbarkeit qualifizierter und hochqualifizierter Nachwuchskräfte vor allem im MINT-Bereich, da die wirtschaftliche und technologische Leistungsfähigkeit Deutschlands von diesen innovationsstarken Branchen abhänge.

Die Niedersächsische Kultusministerin Frauke Heiligenstadt sieht in der Schule den zentralen Ort für die MINT-Bildung und erklärte, dass das gemeinsame Ziel sein müsse, tradiertes geschlechtertypisches Berufswahlverhalten unter Anwendung einer geschlechtersensiblen Förderung der jeweiligen Begabungen und Interessen der Jugendlichen zu überwinden.

Zu Beginn ihres Vortrages beschrieb Barbara Schwarze ihr Unverständnis gegenüber den Medien und berichtete von einer Radiosendung, in der sich der Moderator des klassischen Rollenbildes von Frauen und Männern bediente und schlechte Zensuren in Chemie und Physik als irrelevant bezeichnete. Sie leitete anschließend über zu den positiven Trends, den steigenden Zahlen von jungen Frauen in technischen Berufen und Studienfächern. Dies sei ein Erfolg der Best-Practice-Beispiele von Programmen wie dem „Mentoring" (vgl. Franzke und Gotzmann 2006), dem Niedersachsen-Technikum und dem nationalen Pakt „Komm, mach MINT." Für sie ist es wichtig, den jungen Frauen verbunden mit persönlicher Ansprache Theorie und Praxis in technischen Berufsfeldern zu bieten. Barbara Schwarze hält das Niedersachsen-Technikum für ein Erfolgsmodell: „Frauen haben nicht nur dasselbe fachliche Potenzial wie Männer, sie sind auch das fachliche Potential, auf dem in allen ingenieurwissenschaftlichen Disziplinen große Hoffnungen für die Nachwuchsgewinnung ruhen."

Armgard von Reden stellte eingangs unterschiedliche Fernsehsendungen vor, die Expertinnen, beispielsweise Kommissarinnen und Pathologinnen, als Role Models darstellen und hielt eine Reihe von Fernseh-Soaps dagegen, in denen sich bei Frauen alles ausschließlich um Liebe und Leidenschaft dreht. Anhand einer Umfrage mit Gymnasiallehrkräften stellt sie eine Grafik vor, in der die wahrgenommenen attraktiven Berufe differenziert nach Geschlecht aufgeführt sind. An der Spitze liegt bei Frauen die Ärztin, bei jungen Männern ist es der Spitzensportler. Der Beruf der Informatikerin bzw. des Informatikers rangiert danach bei den Frauen auf dem letzten, dem 14. Platz. Bei den Männern nimmt dieser Beruf Platz 11 ein. Für Armgard von Reden ist die Berufswahl von jungen Frauen eng verbunden mit den Vorstellungen der Rollenidentitäten von Frauen und Männern und damit verknüpften traditionellen Geschlechterstereotypen, die durch rosafarbene Laptops und Parkplätze immer wieder erneuert werden.

Es waren vier Workshops angeboten, in denen Fragen nach den Erfolgskriterien von MINT-Programmen für Schülerinnen gestellt wurden. Dabei ging es um die effektivste Ansprache von Schülerinnen, das gesellschaftliche MINT-Image und deren Attraktivität, die Vorteile, aber auch Nachteile von Role Models und um die Sensibilisierung von Lehrenden zu Genderthemen. Die Moderation der Workshops übernahmen Marita Ahsendorf (Universität Bielefeld), Sandra Augustin-Dittmann (Gleichstellungsbeauftragte der Technischen Universität Braunschweig) und Dunja Wermter (Moderationsverein Bielefeld – MOVE, Universität Bielefeld).

5   Die Beiträge in diesem Tagungsband

Ines Eckardt, zum Zeitpunkt der Tagung Projektmitarbeiterin an der Universität Paderborn, leitete auf der Tagung den Workshop „Schülerinnen gewinnen" und präsentiert in der vorliegenden Publikation die Ergebnisse ihrer Studie „MI[N]Teinander studieren – Bilanz eines Studien- und Berufswahlkonzepts" (Eckart et al. 2012). Die zentralen Fragestellungen lauten: Was spricht Schülerinnen an? Wann fühlen sie sich angesprochen? Worauf reagieren sie, wenn es um die Berufswahl geht? Als wichtige Faktoren bzw. als Aufbaustruktur von Programmen und Projekten hebt Eckardt die Inhalte, die Werbung, den Aufbau und die Anforderungen hervor. Ziel ihres Beitrags ist es, sowohl Anregungen und Hinweise als auch Kritikpunkte und Problemlagen bei der Ansprache von Schülerinnen aufzuzeigen und diese mit Beispielen und Erfahrungen aus der langjährigen Arbeit am Studien- und Berufswahlprojekt „Frauen gestalten die Informationsgesellschaft" der Universität Paderborn zu ergänzen.

In ihrem Beitrag „MINT-Image und Studien- und Berufswahlverhalten von Jungen Frauen und Mädchen" beleuchtet Eva Viehoff, Netzwerkkoordinatorin bei „Komm, mach MINT." die aktuelle Situation des MINT-Images und wirft zunächst einen Blick auf stereotype Darstellungen und ihre Vermeidung zu konkreten Zielgruppenansprachen. Anschließend wird der nationale Pakt für Frauen in MINT-Berufen „Komm, mach MINT." mitsamt seinen vielfältigen Aktivitäten zur Imageveränderung vorgestellt. Die Präsentation von Best-Practice-Beispielen eines modernen MINT-Images nimmt dazu breiten Raum ein. Eine Vielzahl von Biografien und Artikeln aus den „Komm, mach MINT."-Broschüren dokumentieren die Bedeutung von Rollenvorbildern. Den Abschluss bildet eine Erfolgsübersicht, denn die neuesten statistischen Daten zeigen, dass die bisher initiierten Maßnahmen Wirkung zeigen und sich das MINT-Image wandelt.

Martina Battistini reflektiert in ihrem Beitrag „Ganz normale Exotinnen" die Arbeit der Femtec. GmbH, die bereits seit 2001 sehr erfolgreich in der Zusammenarbeit mit Role Models ist. Battistini, die den Femtec-Programmbereich „Schülerinnen" leitet, skizziert den vielfältigen Einsatz von Role Models in den Programmen und Angeboten. Dabei zähle, dass die Role Models selbst eine starke

intrinsische Motivation für ihr gewähltes Fachgebiet haben und diese mit viel Begeisterung weitergeben möchten. Wichtig dabei sei zudem, die „richtigen" Role
Models für die gewünschten Zielgruppen zu finden. Role Models sollten demnach
immer einen Schritt weiter sein, als die Nachwuchsgruppe, die sie motivieren sollen.

Der Beitrag von Corinna Bath mit dem Titel „Sensibilisierung von Lehrenden,
aber wofür" verdeutlicht unter anderem anhand von Kleidungsaufschriften und
Kinderspielzeug, wie aktuell Geschlechterstereotypen sind und gehalten werden.
Im Kern weist Bath auf die Wichtigkeit von Geschlechterforschung hin, die nicht
etwa fragt: Sind Frauen oder Männer so oder so, gleich oder unterschiedlich? Sondern: Wie und wodurch werden Differenzen, strukturelle Ungleichheit und Diskriminierung sozial und kulturell hergestellt und mit welchen Effekten? Zu den
Ergebnissen ihrer Überlegungen zählt beispielsweise der Ansatz der Einführung
von monoedukativen Lehrangeboten in der Schule, um unter anderem analysieren
zu können, aus welchen Gründen Modelprojekte scheitern, und um daraus Fortbildungen zu entwickeln. Ebenfalls diskutiert werden MINT-Angebote ausschließlich
für Schülerinnen wie beispielsweise MINT-Arbeitsgruppen oder Laborversuche.
Dabei müsse die gegenseitige Anerkennung der Arbeiten, der Vorlieben sowie der
Ideen von Schülerinnen im Fokus stehen.

Die Beiträge der beiden „Impulsreferentinnen", Barbara Schwarze und Armgard von Reden, sind ebenfalls in ausführlicher Form in diesem Tagungsband ab-
gedruckt.

6 Danksagung

Die Herausgeberinnen danken allen an der Durchführung und dem Gelingen der
Tagung und des Tagungsbandes Beteiligten: der Qualifizierungsoffensive Niedersachsen dafür, dass sie das Thema Frauen und Technik aufgegriffen hat, dem
Niedersächsischen Ministerium für Wissenschaft und Kultur, der Stiftung NiedersachsenMetall, dem Verband der Chemischen Industrie e. V. Landesverband
Nord und der Industrie- und Handelskammer für die finanzielle Unterstützung,
dem Niedersächsischen Ministerium für Wirtschaft und dem Kultusministerium
für die fachliche Begleitung und für die Grußworte, dem Vorsitzenden der Niedersächsischen Technischen Hochschule für das Engagement, der Bundesagentur
für Arbeit – Regionaldirektion Niedersachsen-Bremen für die personelle Unterstützung durch ihre Auszubildenden, den Vortragenden sowie den Referentinnen
und Referenten der Workshops für die fachlichen Inhalte, den Moderatorinnen und
Moderatoren für die Unterstützung und den Mitarbeiterinnen und Mitarbeitern der

NTH-Gleichstellungsbüros für die Tagungsorganisation. Hervorheben möchten wir unseren Dank an die Akteurinnen und Akteure der Veranstaltungs-AG „MINT gewinnt Schülerinnen" für die hervorragende Kooperation und Zusammenarbeit. Sie alle haben durch ihr Engagement und ihre Motivation gezeigt, welche große Rolle der Austausch von Verantwortlichen in Veränderungsprozessen einnimmt und wie wichtig es dabei ist, sich mit dem Wissen in den großen Raum der Phantasie zu begeben, um mit neuen Fragen, Themen und Ideen den Zielen näher zu kommen. Die Tagung „MINT gewinnt Schülerinnen" ist ein wichtiger Meilenstein für die Realisierung einer geschlechtergerechten Bildungs- und Wissenschaftskultur.

Literatur

Allmendinger, Jutta. 2009. *Frauen auf dem Sprung. Wie junge Frauen heute leben wollen.* Bonn: Pantheon.
Bundesregierung der Bundesrepublik Deutschland. 2013. Deutschlands Zukunft gestalten. Koalitionsvertrag zwischen CDU, CSU und SPD. 18. Legislaturperiode. Berlin.
Eckardt, Ines, Jasmin Hillebrandt, und Sandra Sommerfeld. 2012. MI[N]Teinander studieren! In *Informatik 2012. Was bewegt uns in der/die Zukunft?* Hrsg.U. Goltz et al. Braunschweig:gmds.
Franzke A., und H. Gotzmann. 2006. *Mentoring als Wettbewerbsfaktor für Hochschulen.* Hamburg: LIT.
Gemeinsame Wissenschaftskonferenz GWK. 2011. Frauen in MINT-Fächern. Bilanzierung der Aktivitäten im hochschulischen Bereich. Heft 21. Bonn.
Prechtl, Markus. 2014. Vorbilder für junge Frauen in den Naturwissenschaften – revisteted. Teil A Kritikpunkte. In *Geschlecht und Vielfalt in Schule und Lehrerausbildung*, Hrsg. V. Eisenbraun und S. Uhl, 131–146. Münster: Waxmann.
Statistisches Bundesamt. 2013. Fachserie 11, Reihe 4.1, Studierende an Hochschulen WS 2012/2013. Wiesbaden.

Online

Institut für Arbeitsmarkt- und Berufsforschung. 2013. Berufe im Spiegel der Statistik. http://bisds.infosys.iab.de. Zugegriffen: 18. Juni 2014.
Sonja Bietenhard, Peter Zurflüh, Fredi Althaus, und Matthias Vatter. 2011. Entscheidungskriterien Schweizer Jugendlicher bei der Berufswahl – Studienrecherche. http://www.ict-berufsbildung.ch/fileadmin/user_upload/dokumente/Gesch%C3%A4ftsstelle/de/Berufswahlkriterien-Bericht-Umfrage-2011-V3.pdf. Zugegriffen: 18. Juni 2014.

Dr. Sandra Augustin-Dittmann ist seit 2011 Gleichstellungsbeauftragte und Leiterin der Präsidialstabsstelle Gleichstellung an der Technischen Universität Braunschweig. Seit 2012 ist sie stellvertretendes Vorstandsmitglied der Landeskonferenz Niedersächsischer Hochschulfrauenbeauftragter (LNHF). Sie war als wissenschaftliche Mitarbeiterin am Institut für Sozialwissenschaften der Technischen Universität Braunschweig mit Schwerpunkten in der Sozial-, Bildungs- und Gleichstellungspolitik tätig und promovierte mit einer Politikfeldanalyse zur Etablierung der Ganztagsschule in Deutschland. Ihre Arbeitsschwerpunkte liegen in den Bereichen der gleichstellungsorientierten Organisationsentwicklung, dem Abbau von Unterrepräsentanz mit Fokus auf den MINT-Fächern, der familiengerechten Hochschule sowie der Integration von Gender-Aspekten in Forschung, Lehre und Verwaltung. Sie hat einen regelmäßigen Lehrauftrag für das Fach „Gender & Diversity" am Institut für Sozialwissenschaften der Technischen Universität Braunschweig. *Aktuelle Publikation im Bereich Gender und MINT-Fächer:* Augustin-Dittmann, S. (2014). MINT und darüber hinaus. Gendersensibler Unterricht als Basis einer geschlechtergerechten Gesellschaft. In A. Bartsch & J. Wedl (Hrsg.), *Teaching Gender? Zum reflektierten Umgang mit Geschlecht im Schulunterricht und in der Lehramtsausbildung.* Bielefeld: transcript (im Erscheinen).

Helga Gotzmann ist Diplom-Sozialwissenschaftlerin und Gleichstellungsbeauftragte der Niedersächsischen Technischen Hochschule und der Leibniz Universität Hannover. Ferner wirkt sie als Mitglied in Ausschüssen und Kommissionen der Stadt und der Region Hannover und Gender Impuls. Seit 1993 arbeitet sie als Leiterin des Gleichstellungsbüros der Leibniz Universität. Ihre fachlichen Schwerpunkte sind Gleichstellungspolitik, Personalentwicklung, Konfliktmanagement, Qualifizierungsprogramme und Projekte. Sie nimmt Lehraufträge an der Hochschule für Angewandte Wissenschaft und Kunst Hildesheim / Holzminden / Göttingen und an der Leibniz Universität Hannover zu den Themen Gender Mainstreaming und Diversity Management wahr. *Aktuelle Publikation im Bereich Gender und MINT-Fächer:* Franzke, A., & Gotzmann H. (Hrsg.). (2006). *Mentoring als Wettbewerbsfaktor für Hochschulen. Strukturelle Ansätze der Implementierung.* Hamburg: Lit-Verlag.

Berufs- und Studienorientierung als komplexer Prozess mit diversen Wirkungen

Ursachen und Konsequenzen von Berufsorientierungsprojekten

Barbara Schwarze

Kurzfassung

Der Prozess der Berufsorientierung Jugendlicher hat aufgrund der demografischen Entwicklung in Deutschland an Bedeutung für Politik und Wirtschaft zugenommen. Innovationsstudien weisen auf das Potenzial der Frauen für technische Berufe hin und mahnen Wirtschaft und Wissenschaft zum Handeln. Die Erkenntnisse über die vielfältigen Ursachen für die geringe Präsenz von Frauen liegen aufgrund der umfassenden Forschung über die Wirkung von schulischer und außerschulischer Erziehung und Bildung auf Mädchen und Jungen vor. Sie verweisen auf die Notwendigkeit, Forschung und Maßnahmen jeweils unter dem Genderaspekt zu prüfen und die Heterogenität innerhalb der Geschlechter konsequent einzubeziehen. Während der Bereich der Ausbildungsberufe wenig an Veränderung erfährt, zeigen Maßnahmen im hochschulischen Bereich erste Erfolge. Das medial immer wieder angemahnte Engagement für mehr Frauen in technischen Berufen bedarf nun endlich seiner wirksamen Umsetzung in Wirtschaft, Wissenschaft und Gesellschaft.

B. Schwarze (✉)
Hochschule Osnabrück, Osnabrück, Deutschland
E-Mail: ba.schwarze@hs-osnabrueck.de

© Springer Fachmedien Wiesbaden 2015
S. Augustin-Dittmann, H. Gotzmann (Hrsg.), *MINT gewinnt Schülerinnen,*
DOI 10.1007/978-3-658-03110-7_2

1 Chancengerechtigkeit in der Bildung

Die Sorge um die ausreichende Versorgung einer Gesellschaft mit qualifiziertem Nachwuchs bedingt eine hohe politische Aufmerksamkeit für die Situation des jeweiligen Bildungssystems. Äußere Faktoren wie die zunehmende Öffnung der Märkte und die Globalisierung der Wirtschaft üben ebenso einen Einfluss aus wie die demografische und technologische Entwicklung. Deutschland sieht sich als eines der erfolgreichsten Exportländer zunehmend im internationalen Vergleich um die Geschwindigkeit und Qualität von Produktions- und Lieferprozessen, der Entwicklung innovativer Produkte bzw. Produkterweiterungen und von technischen und persönlichen Dienstleistungen. Dies alles geht mit einer dynamischen Entwicklung der Informations- und Kommunikationstechnologien einher, die zunehmend den Einsatz der klassischen Technologien wie den Maschinen- und Fahrzeugbau, die Elektrotechnik und Verfahrenstechnik verändern. Sie verändern die Kommunikations- und Interaktionswege von Unternehmen und öffentlichen Organisationen, durchdringen medizinische, pflegende und viele andere Berufe sowie den persönlichen Alltag vieler Menschen.

Es gilt daher, den Nachwuchs in Schulen und Hochschulen mit den notwendigen Kompetenzen auszustatten, damit sie ein für sie persönlich zufriedenstellendes Bildungsniveau erlangen und die komplexen Anforderungen einer sich so dynamisch entwickelnden Arbeitswelt bewältigen können. Bildung hat somit eine wichtige persönliche, gesellschaftliche und wirtschaftliche Bedeutung.

1.1 Steigender Einfluss der Wirtschaft

Während der Bereich der dualen beruflichen Bildung bereits traditionell durch das Zusammenwirken von Bundesregierung, Ländern, Arbeitgeber- und Arbeitnehmerorganisationen geprägt ist, hat der Einfluss der Wirtschaft auf Fragen der allgemeinen Bildung im primären und sekundären Sektor wie auch in der Weiterentwicklung des tertiären Sektors durch Gutachter-, Sachverständigengremien, Stiftungen oder Institute der Wirtschaft deutlich zugenommen. Beispielhaft sei hier die Forcierung des Bologna-Prozesses durch führende Wirtschaftsverbände wie die Bundesvereinigung der Deutschen Arbeitgeberverbände (BDA)genannt, die seit dem Jahr 2004 zahlreiche „Bachelor Welcome"-Initiativen veröffentlichte:

> Seit 2004 haben wir, die Personalvorstände führender Unternehmen in Deutschland, uns im Rahmen der Initiative „Bachelor Welcome!" im Zweijahresrhythmus mit einer gemeinsamen Erklärung zur Umstellung auf die gestufte Studienstruktur bekannt und

gleichzeitig Zusagen, aber auch Forderungen an Politik, Hochschulen und Studierende formuliert. (BDA 2012, S. 1)

Studien wie der „Bildungsmonitor" der Initiative Neue Soziale Marktwirtschaft
oder die MINT-Reporte des Instituts der Deutschen Wirtschaft Köln messen die
Bildungsfortschritte in Bund und Ländern vorrangig unter ökonomischen Ge-
sichtspunkten und zielen mit ihren Ergebnissen auf die zukünftige Ausrichtung
der Bildungspolitik im Sinne des Nutzens für die Wirtschaft (IW-Köln 2013a, b).

Die Verstärkung der Einflussnahme der Wirtschaftsverbände und -organisatio-
nen auf die Ausgestaltung des Bildungssystems und die aus ihrer Sicht erforderli-
che Qualität für den Arbeitsmarkt hat positive Auswirkungen auf die Sichtbarkeit
des Themas Bildung in den Medien. Hierbei wird ein Schwerpunkt auf das Thema
der MINT-Bildung gelegt, wie auch die Initiative des Nationalen MINT-Forums[1]
zeigt.

Parallel zu diesen Einflüssen erfordert die gesellschaftliche Entwicklung in
Deutschland eine kontinuierliche Überprüfung des Bildungssystems auf Chancengerechtigkeit für unterschiedliche Gruppen der Gesellschaft: für Frauen und
Männer mit ihren jeweiligen Strukturmerkmalen. Die Zugehörigkeit zu einem Geschlecht hat über viele Jahrhunderte hinweg eine segregierende Wirkung in der
Bildung – sowohl innerhalb der deutschen Bevölkerung, wie auch unter zugewanderten, jungen und älteren Menschen sowie innerhalb der sozialen Schichten.

1.2 Qualität der primären und sekundären Bildung

Die besondere Relevanz der Qualität der frühen Bildungsprozesse für die deutsche Wirtschaft wurde ab dem Ende der neunziger Jahre des letzten Jahrtausends
insbesondere durch den Schock der für Deutschland wenig positiven Ergebnisse
der internationalen Schulleistungsstudien, der sogenannten TIMSS- und der PISA-
Studien[2] deutlich (Baumert et al. 2002; Klieme et al. 2010). Mit diesen Studien
wurden erstmals zusätzlich zu den Bildungsinvestitionen auch die Ergebnisse dieser Investitionen gemessen, also die Kompetenzen, mit denen Schulabsolventinnen und -absolventen in berufliche Ausbildungen oder weiterführende Bildungseinrichtungen einmündeten. Dokumentationen der OECD über die Medienreso-
nanz führten allein für Deutschland mehr als 600 Presseartikel innerhalb von zwei

---

[1] Im Nationalen MINT-Forum haben sich seit dem Jahr 2012 24 Institutionen zusammenge-
schlossen, die sich für die Förderung der Bildung in den Bereichen Mathematik, Informatik,
Naturwissenschaften und Technik einsetzen; http://www.nationalesmintforum.de.

[2] TIMSS = Third International Mathematics and Science Study, PISA = Programme for International Student Assessment.

Monaten nach Veröffentlichung der ersten PISA-Studie auf (Gauger und Grewe 2002). In einem Land, das sich im internationalen Vergleich insbesondere durch seine Wirtschafts- und Technologiestärke sowie technische Innovationen definiert, wirkten vor allem die unterdurchschnittlichen Ergebnisse im sogenannten MINT-Bereich schockierend. So reichten die Mathematikkenntnisse eines Viertels der 15-jährigen Schülerinnen und Schüler nur bedingt für eine erfolgreiche Berufsaus-bildung aus. Die naturwissenschaftlichen Kenntnisse streuten zwischen einer sehr kleinen Spitzengruppe von drei Prozent und einer größeren Problemgruppe von etwa 26 Prozent. Eine ähnlich breite Streuung wies das Ergebnis der Untersuchung der Lesekompetenz auf, das in keinem anderen der untersuchten Länder so breit streute wie in Deutschland (Bertelsmann Stiftung 2002).

Durch die Leistungsstandstudien wurde in Deutschland eine dreifache struktu-relle Problemlage in der Bildung deutlich, die für Schülerinnen und Schüler mit Auswirkungen auf die Chancenverteilung für spätere berufliche Perspektiven ver-bunden war: Nicht nur die Qualität der Schülerleistungen war eher als schwach zu bezeichnen, sondern auch die soziale Gerechtigkeit und die traditionellen Strukturen des Bildungswesens erwiesen sich als reformbedürftig (Tenorth 2009; Tillmann 2009). Der Aktionsrat Bildung befasste sich in seinem Jahresgutachten 2009 insbesondere mit den Geschlechterdifferenzen im Bildungssystem und stellte dazu fest, dass die Geschlechterfrage zusammen mit der Generationenfrage eine der zentralen Herausforderungen moderner Wohlfahrtsstaaten darstelle (Blossfeld et al. 2009, S. 18). Chancengleichheit werde auch im politischen Diskurs zuneh-mend als ein grundlegendes politisches Ziel eingefordert. Mit der Einführung von nationalen Bildungsstandards reagierten die Bundesregierung und die Kultusmi-nisterkonferenz auf die durch die Studien offen gelegten Probleme im Bildungs-sektor. Darüber hinaus entwickelten die Bundesländer unterschiedliche Aktivitäten zur Verzahnung von Vor- und Grundschulen, zur Verbesserung der Sprachkompe-tenz und der Grundschulbildung. In den Folgejahren zeigte die Bilanz nach einem Jahrzehnt von PISA-Studien für Deutschland dann leicht positive Entwicklungen in den Feldern Lesekompetenz, Mathematik- und Naturwissenschaftskompetenz (Klieme et al. 2010).

Obwohl sich die strukturellen Bedingungen des schulischen Lernens seit dem Jahr 2000 wenig verändert haben, verweisen die im Bericht der PISA-Studie im Jahr 2012 dargestellten Ergebnisse auf weitere positive Entwicklungen, ohne dass sich Deutschland in einem der Felder in der Spitzengruppe befinden würde (Pren-zel et al. 2013). Die jüngste Studie weist auf einige Aspekte des Lernens von Ma-thematik und Naturwissenschaften hin, die Auswirkungen auf die Studien- und Berufsorientierung haben können. So untersuchen die Forschenden über die Leistungsstandmessungen hinaus die emotionalen und motivationalen Faktoren des Lernens. Demnach verfügten die untersuchten Jugendlichen in Deutschland über ein positives mathematisches Selbstkonzept und Selbstwirksamkeitserwartungen, die sich deutlich verbessert hätten. Sie brächten damit gute Voraussetzungen zu einer weiteren Beschäftigung mit der Mathematik mit. Laut dem Bericht der Forschenden maßen dem Fach zwei Drittel von ihnen zudem eine „hohe Bedeutung für ihr zukünftiges Berufs- und Ausbildungsleben bei" (Prenzel et al. 2013, S. 6).

Gleichwohl bleibt bei den jungen Frauen eine Diskrepanz zwischen ihren Erfolgen im Bildungssystem und einer strukturellen Benachteiligung sowohl in einem erheblichen Anteil der MINT-Ausbildungen und -Studiengänge als auch auf dem Arbeitsmarkt bestehen. Bei den jungen Männern zeigen sich zwar bessere Chancen auf dem Arbeitsmarkt, besonders im MINT-Sektor, auch verfügen sie über ein höheres Einkommen und sind weit überproportional in Führungspositionen vertreten, gleichwohl verlassen aber auch anteilig mehr junge Männer das Schulsystem ohne einen Schulabschluss (Blossfeld et al. 2009, S. 39). Ihr Anteil an den Hauptschulabschlüssen liegt mit knapp 22% deutlich höher als der Anteil der Frauen mit etwa 16% während der Anteil der Männer mit allgemeiner Hochschulreife etwa 8% unter dem Anteil der Frauen liegt.

Tabelle 1 führt die Abschlussarten nach Geschlecht auf und belegt die Bildungserfolge bei den Frauen und die stärkeren Anteile bei den jungen Männern im Bereich der fehlenden Abschlüsse und des Hauptschulabschlusses.

Laut den Studien der HIS GmbH ist der Anteil der studienberechtigten Frauen von 45% im Jahr 1980 auf 53% im Jahr 2011 gestiegen. Unabhängig von der Art ihrer Hochschulreife entscheiden sich Frauen aber seltener als Männer dafür, ein Hochschulstudium aufzunehmen. „Von den Frauen mit einer Fachhochschulreife nahmen zwischen 2000 und 2006 nur etwa 30 bis 40% ein Studium auf, bei den Männern waren es rund 25 Prozentpunkte mehr" (Leszczensky et al. 2013, S. 115–116; Schwarze 2011, S. 27). Die Gründe hierfür sehen die Forschenden darin, dass Frauen geringere Erträge aus einem Studium erwarten als Männer. Sie sehen das Verhältnis von Kosten und Ertrag eines Studiums ungünstiger als bei einer beruflichen Ausbildung, schätzen ihr Leistungsniveau (bei gleichen Schulnoten) geringer ein und sehen ihre Erfolgsaussichten skeptischer als die Männer.

1.3 Geschlechterdifferenzen

Die Betrachtung der Schulleistungen unter dem Geschlechteraspekt ermöglicht einen für die Studien- und Berufsorientierung wichtigen Blick auf ähnliche und

Tab. 1 Abschlüsse an allgemeinbildenden Schulen nach Abschlussarten und Geschlecht im Jahr 2011. (Quelle: Leszczensky et al. 2013, S. 110. © Expertenkommission Forschung und Innovation 2012)

Abschlussart	Insgesamt		Männlich		Weiblich	
	Absolut	Anteil (in %)	Absolut	Anteil (in %)	Absolut	Anteil (in %)
Ohne Hauptschulabschluss	49.560	5,6	29.874	6,7	19.686	4,5
Mit Hauptschulabschluss	168.660	19,1	97.595	21,9	71.065	16,2
Mit Realschulabschluss	339.758	38,5	172.048	38,7	167.710	38,3
Mit Fachhochschulreife	13.769	1,6	6.525	1,5	7.244	1,7
Mit allgemeiner Hochschulreife	311.166	35,2	138.966	31,2	172.200	39,3
Insgesamt	882.913	100	445.008	100	437.905	100

unterschiedliche Wirkungen des schulischen Unterrichts auf die Selbstkonzepte und Selbstwirksamkeitserwartungen von Schülerinnen und Schülern im Bereich MINT. Geschlechterstereotype Sichtweisen auf die Kompetenzen und Fähigkeiten von Jugendlichen für spezifische schulische Fächer, Ausbildungen, Studiengänge und Berufe haben in Deutschland eine lange Tradition. Sozialisationsstudien und die Ergebnisse der Bildungs-, Frauen und Geschlechterforschung weisen in Deutschland auf die früh einsetzende geschlechterspezifische Erziehung und Kompetenzentwicklung der Kinder hin. Die Erwartungen an Interessen, an das Spiel-, Lern- und Freizeitverhalten differieren in den Familien, dem familiären Umfeld, in Bildungsinstitutionen wie den Vor- und Grundschulen sowie in den weiterführenden Bildungsinstitutionen je nach dem Geschlecht der Kinder (Trautner 2006; Hannover 2010; Matzner 2010; Bundesministerium für Familie, Senioren, Frauen und Jugend 2012). Der Einfluss des familiären und schulischen Umfeldes und der dort handelnden Personen (Eltern und Geschwister, Mitschülerinnen und Mitschüler oder Lehrerinnen und Lehrer) auf die mathematischen Fähigkeitsselbstkonzepte von Mädchen, ihre Selbstwirksamkeitserfahrungen und ihre Selbstkonzepte (Horstkemper 1995; Kreienbaum 1995) wurden eingehend untersucht. So wiesen die PISA-Forschenden im Jahr 2004 nach, dass Jungen über ein höheres Vertrauen in ihre fachlichen Fähigkeiten verfügen als Mädchen, selbst bei gleicher mathematischer Kompetenz.

Die Selbstzuschreibung als mathematisch kompetent scheint zum Jungenbild selbst dann dazu zu gehören, wenn die Schüler sich nicht besonders für Mathematik interessieren. Hier besteht die Gefahr, dass sich Jungen aufgrund von Männlichkeitsstereotypen selbst überschätzen, insbesondere bei leistungsschwächeren Schülern. Das Selbstkonzept von Jungen erweist sich als unabhängiger vom eigenen Interesse als auch vom Urteil anderer. (Prenzel et al. 2004, S. 82 f)

Mehrere Studien machen auf der Basis von Interaktionsuntersuchungen darauf aufmerksam, dass Jungen und Mädchen unterschiedliche Beteiligungsstrategien im Mathematikunterricht aufweisen. Jungen zeigten sich demnach wesentlich auffälliger und „show-orientierter" als Mädchen, versuchten also eher ihre Kompetenz herauszustellen oder ihr Nichtwissen durch auffälliges Verhalten zu verdecken. Sie beteiligten sich bei offenen Fragen aktiver am Unterricht, forderten und erhielten mehr Aufmerksamkeit, während Mädchen auf diese offenen Situationen eher abwartend reagierten (Jungwirth 1990; Finsterwald und Ziegler 2002).

In einer Studie an bayrischen Gymnasien hielt etwa die Hälfte der befragten Eltern die Mathematik für ein Jungenfach. Entsprechend sahen sie bei ihren Töchtern weniger Kompetenzen in dem Fach und bewerteten Leistungsergebnisse auch als weniger förderlich als dies Eltern von Jungen taten (Dresel et al. 2001). Im Rahmen einer Untersuchung von 600 Neuntklässlern zeigten Forscherinnen, dass die Schülerinnen und Schüler ein ungünstiges Image eines mathematischen oder naturwissenschaftlichen Faches oder einer dort agierenden Lehrperson mit dem Bild vergleichen, das sie von sich selbst haben. Je stärker diese vom eigenen Selbstbild abweichen bzw. je weniger Image und Personen geeignet sind, die eigene Identitätsentwicklung zu befördern, umso weniger werden sie in die eigene Zukunftsplanung einbezogen (Kessels und Hannover 2002). Vertiefende Untersuchungen zur Entwicklung des Selbstkonzepts von Schülern wurden in der Schweiz durchgeführt. Sie belegten, dass Lehrerinnen und Lehrer Schulfächer noch ausgeprägter nach Geschlecht stereotypisierten als dies bei den Schülern selbst erfolgte (Keller 1998, S. 99–100). Diese Attribuierungen wirkten sich beispielsweise in den von den Schülerinnen und Schülern wahrgenommenen Erwartungen der Lehrpersonen an ihre Leistungsfähigkeit aus: Jungen nahmen eine höhere Erwartung an ihre Mathematikleistungen wahr als Mädchen. Sie beteiligten sich stärker und erhielten positivere Rückmeldungen infolge ihres verstärkten Engagements. Keller weist durch ihre Studien nach, dass die Zuschreibung eines Faches zum jeweiligen Geschlecht einen der wichtigsten Faktoren für die Leistungsfähigkeit in diesem Fach darstellt. Dies bestätigen Studien von Ziegler et al., die in einer Befragung von Mathematiklehrkräften feststellten, dass 30 % dieser Lehrkräfte Jungen für mathematisch begabter hielten und in ihnen spätere Studierende des Maschinenbaus, der Physik oder Mathematik sahen. Mädchen dagegen sahen sie eher in weiblich konnotierten Studien- und Berufsfeldern wie dem Grundschullehramt, in den Sprachen oder der Medizin (Ziegler et al. 1998).

Im Jahr 2009 fasste Jürgen Budde für das Bundesministerium für Bildung und Forschung (BMBF) den Forschungsstand zum Thema Mathematikunterricht und Geschlecht zusammen und gab damit wichtige Hinweise auf die Gründe vermeintlicher und festgestellter Differenzen und auf geschlechtersensible didaktische Vorgehensmöglichkeiten (Budde 2009). So stellte er beispielsweise heraus, dass die Schulleistungsstudien zunehmende Unterschiede in den Mathematikleistungen zuungunsten der jungen Frauen von der Sekundarstufe I bis zur Sekundarstufe II feststellten, ihre Leistungen in den Problemlösestrategien dagegen auf dem gleichen Niveau wie bei den jungen Männern lagen (Budde 2009, S. 16–19). Bettina Langfeldt und Anina Mischau entwickelten hierzu beispielhaft ein Genderkompetenzseminar „Mathematik, Schule und Geschlecht", verwiesen aber darauf, dass das Thema bisher kaum Eingang in die Lehramtsausbildung gefunden habe und auch bei der jüngsten Reform der Lehramtsausbildung vernachlässigt worden sei (Langfeldt und Mischau 2011).

Oft werden ähnliche Resultate von Bildungsstudien aus anderen Ländern hinsichtlich ihrer unterschiedlichen Ausgangssituation, Strukturen oder Wirkungen unzureichend berücksichtigt und die Leistungen von Mädchen und Jungen werden wiederum stereotypisierend gewertet, während differierende Resultate kaum zur Kenntnis genommen werden. So wurde in der PISA-Studie 2006 in rund der Hälfte der europäischen Staaten ein signifikanter Leistungsvorsprung der Jungen in der Mathematik festgestellt, während in einem erheblichen Teil der anderen Staaten, darunter Bulgarien, Estland, Frankreich, Liechtenstein, Schweden und die Türkei, keine Geschlechterunterschiede gefunden wurden (Europäische Kommission 2009, S. 46). In Bezug auf den Geschlechteraspekt ermutigen die Resultate dazu, international die Gründe zu betrachten, warum in den jeweiligen Staaten ein hoher Anteil von Schülerinnen mit gleich guten oder besseren Mathematikkenntnissen wie bei den Schülern zu finden ist.

Die Ergebnisse der Forschung machen deutlich, dass das fachspezifische Begabungsselbstkonzept und das fachliche Interesse am Ende der Sekundarstufe I wichtige Determinanten für die Kurswahlen für die gymnasiale Oberstufe sind (Köller 2000). Die gewählten Leistungskurse sind wiederum ein wichtiger Bestandteil der Studien- und Berufsorientierung, dies gilt für Mädchen und Jungen in gleicher Weise. Dem Lehrpersonal und dem persönlichen Umfeld der Schülerinnen und Schüler kommt bei der Vermittlung und im Umgang mit der mathematischen Kompetenz für beide Geschlechter eine wichtige Rolle zu: viele der Mädchen brauchen Bestärkung in ihren mathematischen Selbstkonzepten, für einen erheblichen Teil der Jungen sind kontinuierliche Leistungsrückmeldungen wichtig, damit sie zu einer mit ihrem Leistungsstand übereinstimmenden Einschätzung ihrer Leistungen kommen. Eine gendersensible Didaktik kann unter Berücksichtigung der Forschungsergebnisse zu beiden Geschlechtern zu einer noch positiveren und chancengerechten Leistungsentwicklung beitragen.

Veränderungen können somit dann erreicht werden, wenn die Erkenntnisse aus der Genderforschung konsequent in die Bildungsforschung und darauf aufbauend kontinuierlich in neue methodische, didaktische und strukturelle Veränderungen einbezogen werden.

1.4 Bildungsnachteile nach sozioökonomischem Status und Migrationshintergrund

Bereits in den sechziger Jahren des letzten Jahrhunderts wurde die Bedeutung der Bildung für die Zuteilung sozialer Chancen intensiv diskutiert, zugleich zeigte sich, dass dies in einem engen Zusammenhang mit den ökonomischen Verwertungsmöglichkeiten stand (Schelsky 1957; Offe 1975). Besondere Aufmerksamkeit erhielt im Verlauf der Jahre 2000 bis heute das Thema Chancengleichheit. Annelie Stompe beleuchtet in einem Zeitschriftenbeitrag das Thema PISA und soziale Ungleichheit und verweist insbesondere auf die wichtigen Beiträge, die Pierre Bourdieu und Jean-Claude Passeron hierzu geleistet haben (Stompe 2008). Ihre Aufdeckung und Beschreibung der komplexen Mechanismen, die zum Ausschluss aus Bildungslaufbahnen führen können, zeigt deutlich, warum bisher so wenige Fortschritte in der Chancengleichheit erzielt wurden. Da soziale Ungleichheiten, wie die bereits früh beginnenden unterschiedlichen Bildungschancen von Kindern sozioökonomisch schlecht oder gut gestellter Familien, vielfach von den am Bildungsprozess Beteiligten in fehlende oder vorhandene „natürliche" Begabungen umgedeutet oder in der Wirkung des jeweiligen, gerade besuchten Unterrichts gesehen werden, greifen die Maßnahmen zur Behebung auch nur in den jeweiligen kleinen, veränderten Ausschnitten. Das Gesamtproblem der ungleichen Bildungschancenverteilung wird, wie es gerade auch an den Ergebnissen der Schulstudien sichtbar wird, in Deutschland wenig effektiv angegangen.

In allen untersuchten OECD-Staaten ließ sich ein Zusammenhang zwischen dem sozioökonomischen Status des Elternhauses der Jugendlichen und den erreichten Kompetenzen feststellen. So unterschieden sich beispielsweise auch in Deutschland die Kompetenzmittelwerte und die Anteile von Jugendlichen mit unzureichender Lesekompetenz je nach sozialer Schicht der Eltern in erheblichem Umfang. Das Jahresgutachten des Aktionsrats Bildung stellte noch im Jahr 2007 fest, dass die Frage, inwieweit die jeweils nachfolgende Generation eine höhere oder weniger hohe Kompetenz entwickelt, in Deutschland „mehr als in allen anderen Staaten" von der sozialen Herkunft abhänge (Blossfeld et al. 2007, S. 31). Merkmale der sozialen Herkunft, die den sozioökonomischen Status bedingten, wie beispielsweise die Bildungsabschlüsse, die finanzielle Situation oder die Chance auf Erwerbstätigkeit der Eltern oder deren kulturelles Engagement, schafften demnach unterschiedlich anregungsreiche oder lernförderliche familiä-

re Bedingungen. Sie beeinflussten auch die weitere Bildungsbeteiligung nach der
Grundschule. So weist der Aktionsrat darauf hin, dass auch bei gleicher (in PISA
getesteter) Kompetenz die soziale Herkunft die Chance eines Gymnasialbesuchs in
erheblichem Maße beeinflusse (Blossfeld et al. 2007, S. 31). Schulstudien bestätigen diesen starken Zusammenhang zwischen der Schichtzugehörigkeit, weiteren
Faktoren, wie einem Migrationshintergrund, und den Bildungsempfehlungen nach
der Grundschulzeit.

Eine Vollerhebung zur Übergangssituation von Grundschulen zur Sekundarstufe I zeigte in Wiesbaden beispielhaft, dass

- Schülerinnen und Schüler mit Migrationshintergrund zu 46 % aus der Unterschicht bzw. unteren Mittelschicht kämen (gemessen am Bildungsabschluss der
  Eltern und am Pro-Kopf-Einkommen); bei den Kindern ohne Migrationshintergrund seien es nur 23 %,
- Eltern aus höheren Sozialschichten höhere Bildungsaspirationen für ihre Kinder
  hätten als Eltern aus unteren Sozialschichten, auch dann, wenn die Kinder das
  gleiche Leistungsniveau (Deutsch- und Mathematiknote) aufwiesen,
- Kinder aus höheren Sozialschichten bei gleichen Leistungen (Deutsch- und Mathematiknote) höhere Bildungsempfehlungen erhielten als Kinder aus niedrige-
  ren Schichten,
- Kinder aus Migrationsfamilien, bedingt durch den höheren Anteil aus niedri-
  geren sozialen Schichten, ungünstigere Bildungsempfehlungen erhielten und
  ungünstigere Bildungsübergänge realisierten als Kinder ohne Migrationshintergrund (Schulze et al. 2008, S. 8 f.).

Die im Rahmen einer bundesweiten Studie des Instituts für Demoskopie Allensbach im Auftrag der Vodafone-Stiftung befragten Eltern, Lehrkräfte, Schülerinnen
und Schüler bestätigten diese Resultate (Institut für Demoskopie Allensbach 2013).
Lehrkräfte und Eltern waren sich darüber hinaus weitgehend einig, dass eine wichtige Ursache für die schlechteren Chancen von Kindern im Elternhaus liege. „Aus
Sicht von mehr als zwei Dritteln der Lehrer wie der Eltern haben manche Eltern
zu wenig Zeit für ihre Kinder oder verfügen nicht über die notwendigen Kenntnisse und auch die Qualifikation, um ihre Kinder entsprechend fördern zu können"
(Institut für Demoskopie Allensbach 2013, S. 8). Weniger Einigkeit zwischen
Lehrkräften und Eltern bestand in der Frage, inwieweit auch Schulen und Betreuungseinrichtungen sowie Lehrkräfte und Erzieher selbst an der unterschiedlichen
Chancenvergabe mitwirkten. Bei den Lehrkräften waren es nur 15 %, die eine Beteiligung von Schulen und Betreuungseinrichtungen an der Benachteiligung sahen,
bei den Eltern waren es dagegen 48 %, bei Eltern aus sozial schwächeren Schichten

waren es 58%. Gleichwohl stimmte mehr als die Hälfte der Lehrkräfte und Eltern der Aussage zu, dass Schülerinnen und Schüler, unabhängig von ihrer Begabung, gute Schüler werden könnten, wenn sie sich anstrengten und gezielt gefördert würden (Institut für Demoskopie Allensbach 2013, S. 29). Schülerinnen und Schüler aus sozial schwächeren Schichten sahen sich auch selbst als weniger erfolgreich in der Schule. Lediglich 37% der Gymnasiasten aus den sozial schwächeren Schichten stuften demnach ihre Leistungen als gut ein, bei den Gymnasiasten aus den gehobenen sozialen Schichten waren es dagegen 63% (Institut für Demoskopie Allensbach 2013, S. 10).

Für die Studien- und Berufsorientierung werden durch die Aktivitäten der Schüler selbst, aber auch durch den Einfluss von Elternhaus und Lehrkräften Mehrfachwirkungen auf den Schulerfolg, die Selbstkonzepte und die Selbstwirksamkeitsüberzeugungen von Schülerinnen und Schülern aus den schwächeren sozialen Schichten sichtbar, die den schulischen Erfolg und die nachschulische Chancenumsetzung beeinflussen.

Im Verlauf der PISA-Studien zwischen den Jahren 2000 und 2009 verringerte sich der Abstand im Kompetenzniveau zwischen Jugendlichen aus Elternhäusern der oberen Schichten und jungen Leuten aus Arbeiterhaushalten (Jude und Ehmke 2010, S. 246 f.), ein erstes Zeichen dafür, dass einige der eingeleiteten Maßnahmen zu greifen beginnen. Dies wurde auch bei der Untersuchung der Gymnasialbeteiligung deutlich: Im Vergleich zwischen PISA 2000 und PISA 2009 stieg die Beteiligung insbesondere für Schülerinnen und Schüler an, deren Eltern in dem Sektor der Routinedienstleistungen (26 vs. 32%) als Selbständige tätig (24 vs. 31%) oder un- bzw. angelernte Arbeiter (11 vs. 15%) waren (Jude und Ehmke 2010, S. 249).

Für Jugendliche mit Migrationshintergrund hat sich das Niveau der Lesekompetenz im Laufe von zehn Jahren PISA-Studien leicht verbessert. Der Anteil von Jugendlichen der ersten Generation, also mit persönlicher Zuwanderungsgeschichte, hat sich deutlich verringert, während der Anteil der Jugendlichen der zweiten Generation mit einem oder beiden zugewanderten Elternteil/en erheblich zugenommen hat. Somit sind die meisten der inzwischen bei PISA untersuchten Schülerinnen und Schüler in Deutschland geboren, aufgewachsen und hier zur Schule gegangen (Stanat et al. 2010, S. 216 f.). Die Verbesserung der Lesekompetenz ist vor allem bei Migrantinnen und Migranten der ersten Generation festzustellen, aber auch bei der zweiten Generation sind laut Stanat et al. positive Wirkungen zu erkennen. Die stärksten Nachteile gegenüber Schülern ohne Migrationshintergrund waren bei Schülerinnen und Schülern türkischer Herkunft festzustellen, sie zeigten sich vor allem in dem geringen Niveau der Lesekompetenz. Für andere Herkunftsgruppen gab es weniger gravierende Unterschiede.

Eltern und Kinder aus Migrationsfamilien neigen eher zu hohen Bildungsaspirationen. So zeigen Studien des Bundesinstituts für Berufsbildung, dass Kinder
mit Migrationshintergrund bei vergleichbaren Schulleistungen und vergleichbarer
sozialer Schicht eine deutlich höhere Chance haben, ein Gymnasium zu besuchen
(Beicht 2011). Dies ändert aber nur wenig daran, dass die Berufs- und Studien-
chancen von Kindern mit Migrationshintergrund beim Verlassen der allgemeinbildenden Schulen und bei den Übergangsphasen in die Berufsausbildung oder ein
Studium erheblich geringer sind als bei Kindern ohne Migrationshintergrund. Junge Frauen mit Migrationshintergrund bilden auch hier ein wichtiges Potenzial, das
in zu geringem Maße berücksichtigt wird. Sie haben im allgemeinbildenden Schulsystem zwar im Vergleich mit jungen Männern mit Migrationshintergrund die besseren Abschlüsse und Noten, gleichwohl sind ihre Chancen, einen betrieblichen
Ausbildungsplatz zu erhalten, erheblich geringer (Beicht 2011; Beicht und Granato
2011; Wentzel 2013). So müssten dort, wo Eltern keinen eigenen Erfahrungs- bzw.
Wissenshintergrund über die angestrebten Berufe und/oder Studiengänge aufweisen, andere Beratungs- und Orientierungsleistungen greifen, um gleiche Chancen
im Übergang von der Schule in die weiterführenden Systeme herzustellen.

Während die Schulleistungsstudien zeigen, dass es einigen Staaten durch die
Weiterentwicklung des Bildungssystems bereits gelungen ist, den Zusammenhang
zwischen sozialer Herkunft und Bildungsergebnissen zu entkoppeln, konnte dies
für Deutschland bisher nur leicht verbessert werden; eine Entkopplung konnte
nicht erreicht werden. Dies hat gravierende Auswirkungen auf die möglichen weiteren Bildungs- und Berufsperspektiven von Schülerinnen und Schülern.

2 Gesellschaftliche Wirkungen auf die Studien- und Berufsorientierung

Junge Leute, die im neuen Jahrtausend vor der Ausbildungs-, Studien- oder Berufswahl stehen, werden stärker mit widersprüchlichen Anforderungen konfrontiert
als frühere Generationen. Ursula Beicht und Monika Granato weisen darauf hin,
dass die Identitätsentwicklung aller Jugendlichen heute einem „Patchwork" ähnele
(Beicht und Granato 2011, S. 12). Die Herkunft, die familiäre Situation, unterschiedliche Bildungshintergründe der Eltern, divergierende Rollenvorbilder und
die neuen Anforderungen an Medien- und Technikausstattung sowie Technikkompetenz tragen dazu bei, dass bei den Jugendlichen mehr an Mehrfachzugehörigkei-
ten zu gesellschaftlichen Gruppen zu finden sind als dies für frühere Generationen
galt. Darüber hinaus sind die Lebenswelten Jugendlicher ständig in Veränderung
begriffen. Die Berücksichtigung dieser „neuen" Vielfalt bei allen Jugendlichen

stellt erhebliche Anforderungen an Erziehende und Lehrende, sowohl im privaten Umfeld wie auch im staatlichen Vorschul- und Bildungssystem.

2.1   Lebensentwürfe junger Frauen und junger Männer

Die Schulzeit trägt mit ihren eigenen sozialisatorischen Bedingungen zu einer Verstärkung von stereotypen Sichtweisen auf die Kompetenzen von Mädchen und Jungen bei, darüber hinaus unterstützen auch die gesellschaftlichen Erwartungen an das Verhalten Jugendlicher dezidiert geschlechterkonforme Verhaltensweisen. So werden Männlichkeiten und Weiblichkeiten immer wieder im interaktiven Austausch konstruiert und es fällt Mädchen wie Jungen schwer, sich diesem Anpassungsdruck zu widersetzen und durch ihr Verhalten zu versuchen zu „dekonstruieren" – also sich gegen Weiblichkeits- oder Männlichkeitsnormen zu verhalten.

Michael Cremers zeigt in seiner umfassenden Studie über „Neue Wege für Jungs", dass der Männlichkeitsdruck in der Schule besonders hoch sei und männliche Schüler selbst feststellten, dass sie sich privat oder außerhalb der Schule oft freundlicher und weniger respektlos verhalten würden als innerhalb der Schule (Cremers 2007, S. 8). Das im Rahmen der amerikanischen „men's studies" von Connell entwickelte Konzept der hegemonialen Männlichkeit beschreibt ein gesellschaftlich konstruiertes und kulturell anerkanntes Vorbild des Junge- oder Mann-Seins, in dem sich spezifische Interpretationen und Interessen von gesellschaftlichen Gruppen (Parteien, Kirchen, Wirtschaft, Verbänden, Medien) durchsetzen, die über die Definitionsmacht für dieses Konzept verfügen (Connell 1999, S. 98). Außerhalb der Schule tragen traditionelle Orientierungsmuster von Männlichkeit, wie die Zuständigkeit für das finanzielle Wohlergehen einer Familie, die Selbstdefinition über Arbeit und Beruf, die alleinige Kompetenz für Technik und Forschung und für Führungspositionen in Wirtschaft und Politik, dazu bei, dass es neue Männlichkeitsmuster trotz veränderter gesellschaftlicher Bedingungen schwer haben, sich breiter durchzusetzen. Im Jahr 2005 beschrieb eine Studie des Deutschen Jugendinstituts, dass die Generation der 12- bis 15-jährigen Jungen noch zu über fünfzig Prozent an ein Familienmodell glaube, das an einem männlichen Ernährer und einer Frau, die sich um die Kinder kümmert, ausgerichtet ist (Cornelißen und Gille 2005). Das aktuelle Muster der hegemonialen Männlichkeit, das beansprucht, dass sich Weiblichkeitsmuster und andere Männlichkeiten unterordnen, ist mit gesellschaftlicher und wirtschaftlicher Definitionsmacht verbunden. Neue Ansprüche aus anderen Formen von Männlichkeit werden als Bedrohung empfunden oder als weniger attraktive Muster, die als verweichlicht und „verweiblicht" abgetan werden. Dazu gehört auch, dass sich die Lebensperspekti-

ven von Frauen häufig noch dem hegemonialen Muster unterzuordnen haben und
vorrangig in den Bereichen Familie, Kindererziehung und Bildungsbegleitung der
Kinder gesehen werden (Hurrelmann 2010; Väter GmbH 2012; Venth 2011).

Die Ambivalenzen, die junge Frauen und junge Männer hinsichtlich der Entscheidung für ihr späteres Lebensmodell erfahren, lassen eine gezielte Berufsorientierung schwieriger erscheinen als dies noch im vorangegangenen Jahrtausend
der Fall war. Eine Untersuchung von Sinus Sociovision über die Planungen 20-jäh-
riger Frauen und Männer zu ihren Lebensentwürfen aus dem Jahr 2007 zeigt: Während 20-jährige junge Frauen mit Abitur ihre beruflichen und privaten Perspektiven weitgehend positiv sehen und eine eher selbstbewusste Geschlechtsidentität
entwickelt haben, können die gleichaltrigen Männer mit Abitur aufgrund fehlender
neuer Rollenvorbilder noch keine entsprechend positiven Perspektiven entwickeln
und bleiben hinsichtlich der Lebensplanungen und flexibler Rollenidentitäten unsi-
cher (Bundesministerium für Familie, Senioren, Frauen und Jugend 2007, S. 9 f.).
Beide Gruppen präferieren partnerschaftliche Lebensmodelle. Das Engagement
für Gleichstellung erfährt bei den 20-jährigen Frauen mit guten Bildungsvoraus-
setzungen eine hohe Wertschätzung, gehört aber – wie bei der Sinus-Sociovision-
Studie zu sehen ist – für sie zur Vergangenheit:

> Heute – so ihre individualistische, libertäre Perspektive – ist jede einzelne Frau selbst
> dafür verantwortlich, ihr Recht in der Partnerschaft, in Beruf und Freizeit sowie im
> Umgang der Geschlechter miteinander auch durchzusetzen. Diese Frauen delegieren
> diese Aufgabe nicht an eine staatliche Instanz, sondern wollen die praktische Durch-
> setzung selbst in die Hand nehmen und vertrauen auf ihre eigene Kraft, Intelligenz
> und Hartnäckigkeit. […]
> Sie gehen optimistisch davon aus, dass sie mit einer guten Ausbildung (v. a. Studium)
> beruflich erfolgreich sein werden, Karriere machen, und wenn ein Kind kommt, sich
> Haushalt, Erziehung und Beruf mit ihrem Partner gerecht teilen. Aber sie wollen sich
> da jetzt auch noch nicht festlegen, sondern sich alle Optionen offen lassen: Mul-
> tioptionalität. (Bundesministerium für Familie, Senioren, Frauen und Jugend 2007,
> S. 9 f.)

Die Schulstudien zeigen, dass es sich auch bei den Abiturientinnen und Abiturienten nicht um homogene Gruppen junger Frauen und Männer handelt, sondern
die Herkunft aus der jeweiligen sozioökonomischen Schicht, ein möglicher Migrationshintergrund und die aus den Sozialisationserfahrungen mitgebrachten Einstellungen zu Lebensplanungen und -perspektiven erheblichen Einfluss ausüben.

Die 20-jährigen Männer und Frauen mit mittlerer/geringerer Schulbildung stehen Konzepten gleichgestellter Partnerschaften in ihrer familiären Konkretisierung
eher skeptisch gegenüber (Bundesministerium für Familie, Senioren, Frauen und
Jugend 2007, S. 10). Die jungen Männer bevorzugen die traditionelle Rollenauftei-

lung und „moderat moderne" Partnerinnen, die als Mütter für Haushalt und Kinder verantwortlich sind und lediglich im Rahmen eines Zuverdienstes zu den Haushaltsfinanzen beitragen. In der Technik erscheinen ihnen Frauen in körperlich belastenden Berufen wie als Schweißerinnen oder Industriemechanikerinnen eher als störend. Die jungen Frauen mit mittlerer/geringerer Schulbildung hingegen sehen Vorteile in jeglicher Hinsicht: Sie fühlen sich frei in der Wahl eines Berufs und in der Berufsausübung sowie in der Verfügung von Geld und Macht in der Beziehung. Spätere Lebensmodelle orientieren sich demnach an Teilzeittätigkeiten in Verbindung mit der Mutterrolle, ein Mehr an Emanzipation würde solche Modelle gefährden.

Auch Jutta Allmendinger hat im Jahr 2012 eine Studie zu den Lebensentwürfen junger Frauen und Männer in Deutschland aufgelegt und hierzu zum zweiten Mal nach dem Jahr 2007 die Folgegeneration befragt, die 21- bis 34-Jährigen. Ein zentrales Ergebnis ist, dass die Unterschiede in den Antworten zwischen niedrig und gut ausgebildeten Menschen im Jahr 2012 mehr auseinanderfallen als im Jahr 2007: Dies betrifft sowohl den Entwurf zum Lebensstandard, zu den Zukunftschancen wie auch die Lebensperspektiven (Allmendinger und Haarbrücker 2013). Gerade für die jungen Frauen ist zu sehen, dass ihr Optimismus über ihre Chancen, Familie/Kinder und Beruf auch zukünftig zufriedenstellend vereinbaren zu können, mit zunehmendem Alter der Kinder schwindet.

> Je älter die Kinder werden, je mehr wird den Müttern bewusst, dass ihre Teilzeitarbeit sie nicht dahin bringt, wo ihre Männer und die kinderlosen Frauen stehen. In einer Gesellschaft, die sich auf Erwerbstätigkeit ausrichtet und Anerkennung für Erwerbsarbeit zollt, ist das eine harte Erkenntnis. (Allmendinger und Haarbrücker 2013, S. 12)

Somit können sie für ihre Kinder mit dieser bisher wenig gesellschaftlich unterstützten Verbindung von Familie- und Teilzeitarbeit auch keine Rollenvorbilder hinsichtlich einer selbstbestimmten und selbstfinanzierten Lebensgestaltung von Frauen sein.

2.2 Übergang Schule und Beruf

Berufsorientierung beinhaltet für Schülerinnen und Schüler Aufklärung und Information über eine unvollkommene und unüberschaubare Berufswelt, die sich einpassen soll in ihre konkreten Lebensperspektiven. Vielfältige Einflüsse und Wirkungen führen dazu, dass die Orientierungs-, Informations- und Beratungsprozesse bei den Übergängen in Ausbildungen, Studiengänge und Berufe junge Frauen und junge Männer scheinbar unverändert in überwiegend unterschiedliche Segmente führen: Junge Frauen sind eher im Dienstleistungssektor wie auch in den sozialen und pflegenden Berufen zu finden, junge Männer in technisch-naturwissenschaftlichen Berufen.

Zu wenig Aufmerksamkeit finden die Veränderungen, die sich in zahlreichen Segmenten der Berufsorientierungsprozesse ereignet haben. Im Jahr 2008 schlossen sich auf Initiative des Bundesministeriums für Bildung und Forschung erstmals mehr als 40 Organisationen, darunter Unternehmen, Hochschulverbände, Forschungsorganisationen, Medien, Technikverbände, Frauen-Technik-Netzwerke und die Bundesagentur für Arbeit zum Nationalen Pakt für Frauen in MINT-Berufen zusammen, in dem es auch um die Optimierung der qualitäts- und zielgruppengerechten Kommunikation der MINT-Berufe auf der Schnittstelle Schule-Hochschule geht. Dieses bundesweite „Joint Venture" zeigt – wie auch der Girls' Day – zunehmend Wirkung und ist im Jahr 2013 auf 175 Partner angewachsen. Durch die Langzeitevaluierung im Rahmen des Girls' Days, des Mädchen-Zukunftstages, stehen seit dem Jahr 2002 Datensets aus standardisierten Fragebogenerhebungen zum Berufswahlprozess zur Verfügung. So wurden im Jahr 2009 20.000 Schülerinnen und über 6700 Betriebe und Institutionen befragt, die Rückläufe lagen bei etwa 45 % (Struwe und Wentzel 2010).

Bei der Befragung der Schülerinnen zeigen sich Veränderungen und stagnierende Elemente in den Berufswünschen, den Einflussfaktoren auf die Berufsorientierung und auf das Image von technischen Berufen. Im Zeitverlauf wird sichtbar, dass die Schülerinnen technisch-naturwissenschaftliche Berufe zunehmend positiver bewerten. Während im Jahr 2004 mit 37 % lediglich jedes dritte Mädchen der Auffassung war, dass technische Berufe abwechslungsreich seien, ist der Anteil in den fünf Jahren seither um mehr als 10 % auf 46 % gestiegen. Sie betrachten die Berufe als weniger menschenfern und gehen verstärkt von einer hohen Bedeutung der Teamarbeit in technischen Berufen aus.

Ein Vergleich der Einschätzung technisch-naturwissenschaftlicher sowie sozial-erzieherischer Berufe durch die befragten Mädchen zeigt, dass sie soziale Berufe als noch abwechslungsreicher und menschenbezogener bewerten als technisch-naturwissenschaftliche Berufe. Dagegen betrachten sie die Zukunftschancen der technisch-naturwissenschaftlichen Berufe weit positiver als die der sozialen Berufe. Dies bezieht sich sowohl auf die Arbeitsmarktchancen als auch auf Karriere- und Aufstiegsmöglichkeiten. (Struwe und Wentzel 2010, S. 1)

Gleichwohl erzeugt die hohe Präsenz von Frauen in den sozial-erzieherischen Berufen Zuschreibungen zu deren Berufsstrukturen, die die starke Ausrichtung auf frauendominierte Berufe noch verstärkt. So sehen die jungen Frauen in diesen

Berufen weitaus häufiger (52%) die Chance, Familie und Beruf miteinander zu vereinbaren, als in technisch-naturwissenschaftlichen Berufen (16%). Uli Nissen weist hier darauf hin, dass die Mädchen sich teilweise an Vorurteilen orientieren, die auf dem Image „typisch weiblicher" Berufe beruhen. Denn angesichts der Tatsache, dass zahlreiche weiblich dominierte Berufe Arbeitsbedingungen und Arbeitszeitregelungen mit sich bringen, die eine Vereinbarkeit stark erschweren, sind Veränderungen in den Ausbildungs- und Berufsstrukturen erforderlich, die beispielsweise ein hinreichendes Einkommen auch in Zeiten von Arbeitszeitreduzierungen ermöglichen (Nissen et al. 2003).

Angelika Puhlmann sieht eine große Differenz zwischen den deutlich gewachsenen Optionen durch die zunehmenden qualifizierten Bildungsabschlüsse junger Frauen und die anhaltende Verengung ihrer Berufswahlpräferenzen auf die sogenannten Frauenberufe (Puhlmann et al. 2011). Berufsorientierung müsse zukünftig klarer über das „Entweder-Oder" oder das „Halb-und-Halb" von Vereinbarkeitsmodellen informieren, so Puhlmann, und die widersprüchliche Realität von Frauen- und Männerberufen darstellen (Puhlmann 2008, S. 4). Es gelte, die schwierige Zukunftsperspektive, die durch die Präferenz junger Frauen für frauendominierte Berufe entstehe, darzustellen. Diese Berufe bauten durch ihre Bezahlung, ihre Tätigkeiten und ihre Beschäftigungsformen immer noch auf überholten Gesellschaftsmodellen der deutschen Gesellschaft auf, die auf eine „Zuverdienstrolle" zahlreicher Frauenberufe setzen.

Irene Pimminger verweist in ihrer Analyse zum Übergangssystem von der Schule in den Beruf darauf, dass viele der geschlechterbezogenen Ungleichheiten im Beschäftigungssystem auf die Segregation in männlich und weiblich dominierte Berufe zurückzuführen seien und der Übergang in den Beruf daher eine zentrale Weichenstellung für mehr Chancengerechtigkeit beinhalte (Pimminger 2012). Dies stelle aber insbesondere für junge Frauen, die noch in der Schulphase durchaus breitere berufliche Optionen für sich sehen, einen Anpassungs- und Verengungsprozess dar. Denn: Die stark besetzten Frauenberufe sind häufig nicht die ursprünglichen Wunschberufe der Mädchen, so dass die Diskrepanz zwischen ursprünglichem Berufswunsch und tatsächlicher Berufsausbildung bei jungen Frauen deutlich höher ist als bei jungen Männern (Pimminger 2012, S. 21).

In ihrer Zusammenfassung zahlreicher Studien zur Berufsorientierung zeigt sie die Möglichkeiten zur Veränderung auf: Da die Gründe für die geschlechtsspezifische Wahl besonders häufig bei den individuellen Entscheidungen der Mädchen und Jungen und ihrer Familien gesehen werden, bleiben die vielfältigen weiteren Einflussfaktoren weitgehend unverändert. Aus Pimmingers Sicht sollten insbesondere die ESF-geförderten Programme und Projekte im Bereich der Berufsbildungsförderung dahingehend überprüft werden, inwieweit sie dazu beitrügen, die berufliche Segregation abzubauen. Dabei gelte es, ein besonderes Augenmerk auf die Unterstützung von Jugendlichen beim Einstieg in nichttraditionelle Bereiche zu legen wie auch auf das Einstellungsverhalten von Unternehmen (Pimminger 2012, S. 29).

Die Bundesagentur für Arbeit engagiert sich seit vielen Jahren zum Thema Berufsorientierung und Arbeitsmarkt unter Geschlechteraspekten (Bundesagentur für Arbeit 2011, 2013a) und begleitet die Berufsorientierungsprozesse in den Schulen sowie den jährlichen Girls' Day und Boys' Day durch Broschüren mit Rollenvorbildern und einem Materialangebot zur Unterstützung einer geschlechtergerechten Berufswahl. Hierzu haben sich die für die Berufsorientierung bereitgestellten Bilder und Beschreibungen deutlich verändert. Die Sonderhefte zu „MINT for you" und „Social for you" für Schülerinnen und Schüler oder die Abi-extra-Broschüre „Frau-Mann-Beruf: Was heißt hier typisch?" aus dem Jahr 2013 zeigen, dass die Bundesagentur im Rahmen des Engagements für Chancengleichheit im Beruf konsequent das Thema der Segregation der Berufe aufnimmt und durch neue Bildungsangebote und die Auswahl der Themen auch fachlich adäquat unterstützt (Bundesagentur für Arbeit 2013b, c).

2.3 Medien

Jugendliche nutzen das Internet bereits seit Jahren in hohem Maße zur Informationsrecherche, zur Kommunikation und für zahlreiche weitere Zwecke. Unter den 12- bis 19-Jährigen liegt der Anteil im Jahr 2013 bei zumindest seltener Nutzung bei 98 % (MFS 2013, S. 28). Die tägliche Nutzungsdauer ist von 131 Minuten im Jahr 2012 auf 179 Minuten im Folgejahr gestiegen, bei einer leicht höheren täglichen Nutzungsdauer bei Mädchen als bei Jungen. Bei den Zugangswegen zum Internet haben sich in den letzten Jahren deutliche Veränderungen ergeben: So ist der Zugang über Computer und Laptops von 99 % im Jahr 2011 auf 87 % im Jahr 2013 gesunken, während der Zugang über mobile Geräte, insbesondere Smartphones von 2011 bis 2013 um 44 Prozentpunkte (2011: 29 Prozent, 2013: 73 Prozent) zugenommen hat (MFS 2013, S. 30). Ulrike Struwe berichtete bereits 2007 in ihrer Analyse über die Bedeutung des Internets im Berufsorientierungsprozess in technischen Berufen, dass dieses bei den Jugendlichen die am meisten genutzte und am nützlichsten bewertete Informationsquelle gewesen sei (Struwe 2007).

Im Jahr 2013 nutzen 80 % der Jugendlichen das Internet als Informationsmedium, knapp 50 % geben an, mindestens mehrmals pro Woche für die Schule zu recherchieren (MFS 2013, S. 35). Das Fernsehen hat einen fast ebenso hohen Nutzungsgrad wie das Internet, 88 % der Altersgruppe der 12- bis 19-Jährigen sehen an einem durchschnittlichen Wochentag 111 Minuten fern. Die umfassende und intensive Medialisierung des Alltags der Jugendlichen wirkt sich auf die Berufs- und Studienorientierung aus. Das Internet, und die dort zu findenden Videos, Filme, Interviews, Rollenvorbilder aus Unternehmen, Einrichtungen und Hochschulen sowie das Fernsehen üben ihre Wirkung als „heimliche" oder auch versteckte Akteure im Orientierungsprozess aus.

Berufsvorstellungen und Berufswünsche entwickeln sich auch im Rahmen der Medienrezeption Jugendlicher, eine Einflussnahme, deren Wirkung noch zu wenig untersucht wird. Zwar finde beispielsweise durch das Fernsehen keine direkte Einflussnahme zur Wahl spezifischer Berufe statt, aber: „Bilder von Berufen und Lebensentwürfen werden nebenbei vermittelt und führen möglicherweise zu entsprechenden Vorstellungen von Realität" (Gehrau und vom Hofe 2013, S. 1). Werner Dostal weist darauf hin, dass Berufe selten im Fernsehen als Berufe thematisiert werden, sondern als Begleiterscheinungen mittelbar zu dem zugrunde liegenden Handlungsfaden auftauchen (Dostal 2006, S. 312). Sie werden offensichtlicher, wenn über Ereignisse oder Konflikte berichtet wird oder die Lebenswelt näher beschrieben werden soll. Nach den Ergebnissen von Dostals Untersuchung standen im Jahr 2005 Berufe der Kategorie Ordnung und Sicherheit im Vordergrund, gefolgt von medien- oder fernsehspezifischen Berufen, danach folgten Gesundheitsberufe. Sportberufe und Berufe aus der Modebranche oder der Politik waren ebenfalls vertreten, technische Berufe oder Handwerksberufe kamen kaum vor. Insbesondere die sogenannten Daily Soaps, wie „Gute Zeiten, schlechte Zeiten" oder „Marienhof" wurden und werden von Jugendlichen in der Berufswahlphase stark wahrgenommen. Dienstleistungsberufe waren mit knapp 90 % der dargestellten Berufe in den Soaps dominant vertreten, in der beruflichen Realität hatten die Berufe lediglich einen Anteil von 66 % (Dostal 2006, S. 313).

In einer jüngeren Untersuchung aus dem Jahr 2011 von 134 populären Fernsehserien konnte in 90 Fällen ein direkter oder indirekter Berufsbezug identifiziert werden (Gehrau und vom Hofe 2011). Die in den Serien identifizierbaren Berufe konnten mehrheitlich dem Feld der sonstigen Dienstleistungen, den Bereichen Verwaltung, Justiz und Polizei sowie dem Gesundheits- und Sozialwesen zugeordnet werden. Die Verteilung entsprach in keiner Weise der Verteilung in der realen Berufswelt. Nach einer Befragung von etwa 1200 Schülerinnen und Schülern der 9. bis 12. Klasse (55 % Mädchen) wurden erste Tendenzen zum Zusammenhang zwischen Mediennutzung und Berufsvorstellungen gefunden. Zwar unterschieden sich die Berufswünsche der Jugendlichen ebenfalls von der Verteilung der Berufe in der Realität, sie wichen aber nicht so weit ab, wie die Berufswelt in den Serien. Das Lehramt an Schulen, Gesundheitsberufe und sonstige Dienstleistungen (Künstlerinnen/Künstler oder Designberufe) wurden deutlich häufiger genannt als sie in der Realität ausgeübt werden. Dabei zeigten sich signifikante Zusammenhänge im Gesundheitssektor: „Während 29 % der Zuschauer von Gesundheitsserien Arzt oder ein Therapie- oder Pflegeberuf als erster Beruf einfällt, sind es in der Gruppe derer, die keine Arzt- oder Krankenhausserien gucken, nur 18 % [...]. Auch der Berufswunsch liegt wesentlich häufiger im Gesundheitssektor, wenn entsprechende Serien konsumiert werden: 30 versus 20 %" (Gehrau und vom Hofe 2011, S. 5).

In einer Untersuchung der Wirkung von Berufen und Geschlechterrollen in Spielfilmen und Serien der fiktionalen Programme von ARD, ZDF, RTL, SAT1 und ProSieben aus dem Jahr 2009 stellt Marion Esch fest, dass bei der überwiegenden Mehrheit der Hauptfiguren die Berufsbezeichnungen entweder explizit genannt wurden oder eindeutig erkennbar waren, so dass auch sie den Fernsehformaten einen hohen beruflichen Orientierungsgehalt zumisst (Esch 2011, S. 9 ff.). Der Bereich der MINT-Berufe war allerdings hierbei kaum vertreten. Männer waren in den Haupt- und Nebenrollen in den Bereichen Technik, Architektur, Vermessung, Produktion und Fertigung zu höheren Anteilen vertreten als Frauen, aber auch ihr Anteil war sehr gering und lag noch unter dem Anteil von Männern, die Rollen in Berufsdomänen spielten, die eher von Frauen besetzt sind, wie in den Medien, in Gesellschafts- und Geisteswissenschaften, Sprachen und dem Bereich „Soziales und Erziehung".

2.4 Image von Berufen

Zu den vielfältigen, häufig in ihrer Wirkung unterschätzten Einflüssen auf die Studien- und Berufsorientierung gehört das Image von Berufen und Studiengängen. In einem unüberschaubaren Feld von etwa 350 Ausbildungsberufen und über 9500 Studiengängen[3] benötigen Schülerinnen und Schüler Orientierungsmöglichkeiten, die ihnen im privaten und schulischen Umfeld von Eltern, Großeltern, Lehrkräften, ihren Peers und deren jeweiligem beruflichen Umfeld nur eingeschränkt vermittelt werden können. Dabei beschränkt sich die Suche, trotz starken Engagements der bundesweit agierenden professionellen Informations- und Beratungsagenten, wie der Bundesagentur für Arbeit mit ihren regionalen Agenturen und den zentralen Studienberatungsstellen an den Hochschulen, zumeist auf eine sehr eingeschränkte Auswahl. Obwohl das Internet mit seinen weltweiten Recherchemöglichkeiten zur Verfügung steht, trägt die Vielfalt und Unübersichtlichkeit der Angebote für zahlreiche Jugendliche eher dazu bei, sich mit ihrer Recherche auf die Wohnort-

---

[3] Aktuelle Anzahl der grundständigen Studiengänge laut „Hochschulkompass" im Januar 2014. Im Internet unter http://www.hochschulkompass.de.

nähe zu konzentrieren. Das Vorhandensein oder Nichtvorhandensein jeweils regionaler Ausbildungs- oder Studienplätze, die sogenannte „Gelegenheitsstruktur", trägt ebenfalls dazu bei, dass sich gewohnte geschlechtsspezifische Such- und Findungsmuster reproduzieren (Sell 2013).

2.4.1 Ausbildungsberufe

Schon die Bezeichnungen der Berufe stellen unter Geschlechteraspekten betrachtet erste Selektionsmöglichkeiten im Vorfeld der Auswahl von Berufen oder Studiengängen dar. Im Rahmen einer Befragung von fast 5000 Ausbildungsplatzbewerberinnen und -bewerbern stellten Forschende des Bundesinstituts für Berufsbildung (BiBB) fest, dass sich die Auswirkungen der Berufsbezeichnungen deutlich nach Geschlecht unterschieden und dass die Assoziationen, die Jugendliche mit den Bezeichnungen oder ihren Wortanteilen verbanden, nicht immer mit den Denotationen übereinstimmten, die Fachleute mit diesen Begriffen verbanden (Ulrich et al. 2006, S 2). Die Jugendlichen bemühen sich im Prozess der Berufsorientierung darum, die Fülle und Komplexität des Angebots und die damit angebotene Informationsmenge zu reduzieren. Die von ihnen aus den Berufsbezeichnungen abgeleiteten Vorstellungen ermöglichen es, aus der Fülle des Materials eine erste Auswahl zu treffen (Ulrich et al. 2005). Die Ergebnisse der Forschung zeigen: Eine Berufsbezeichnung ist dann attraktiv, wenn sie

- ein hohes Maß an Entsprechung mit dem eigenen beruflichen Selbstkonzept aufweist,
- möglichst vertraut klingt,
- das Erreichen eines höheren Status vermuten lässt.

So steht beispielsweise das Image der Krankenpflegerinnen und -pfleger bei Schülerinnen (59 %) für einen Beruf, in dem sie die eigenen geistigen Kräfte voll einsetzen können, die Schüler sehen dies nur zu 34 % so. Während 64 % der Mädchen glauben, in dem Beruf habe man häufig mit moderner Technik zu tun, glauben dies nur 33 % der Jungen. Von positiven Arbeitsmarktchancen in diesem Beruf sind 51 % der Frauen und 31 % der Männer überzeugt. Während 44 % der Mädchen meinen, sie würden in diesem Beruf auch von Freunden Wertschätzung erfahren, glauben dies nur 24 % der Jungen (Ulrich et al. 2006, S. 10 f.).

Für den Beruf der Informations- und Telekommunikationssystem-Elektroniker stellt sich das Image unter dem Geschlechteraspekt betrachtet fast spiegelverkehrt dar: 45 % der Jungen sind überzeugt, dass der Beruf abwechslungsreich sei, nur 19 % der Mädchen sind der gleichen Überzeugung. Während 48 % der Jungen mei-

nen, dass sie in diesem Beruf von ihren Freunden geschätzt würden, glauben dies
nur 22% der Mädchen.

Den Forschenden aus dem Bereich der Berufsbildung sind die Auswirkungen
von Berufsbezeichnungen auf die Ausbildungswahl von Mädchen und Jungen hinreichend bekannt. Dies könnte genutzt werden, um bereits zu Beginn der Entwicklung neuer Berufe geschlechtsspezifische Fehlwirkungen von Berufsbezeichnungen zu vermeiden. Gleichwohl wurde dieses beispielsweise bei der Einrichtung der
vier neuen Ausbildungsberufe in der Informations- und Telekommunikationsbran-
che, der sogenannten IT-Berufe, nicht beachtet. So stellten Hans Borch und Hans
Weissmann vom Bundesinstitut für Berufsbildung im Zuge der Evaluierung der
neuen Berufe der IT-System-Elektroniker, der Fachinformatiker, der IT-System-
Kaufleute und der Informatik-Kaufleute im Jahr 2000 folgendes fest:

> Offenbar fühlen sich junge Frauen von den Berufsbezeichnungen nicht angesprochen.
> Die Bezeichnung „Kauffrau" erscheint ansprechender – wenn auch der Frauenanteil
> anderer kaufmännischer Berufe nicht erreicht wird. Aus den Ausbildungsinhalten
> heraus lassen sich die Unterschiede nicht erklären, denn 50% der Inhalte sind bei
> allen vier Berufen gleich. Ein Ausbildungsbetrieb berichtete, dass bei der Umstellung
> der Berufsbezeichnung von „Mathematisch-technische/r Assistent/in" auf „Fach-
> informatiker/in" der Bewerbungsanteil der Frauen von ca. 60% auf 20% sank – ein
> Indiz für „männliche" und „weibliche" Berufsbezeichnungen. (Borch und Weiss-
> mann 2000, S. 4)

Eine Befragung von Unternehmen belegte eine große Sensibilität hinsichtlich der
Ursachen für die geringen Anteile von Frauen in Ausbildungen: Mehr technik-
orientierte Berufspraktika und mehr Kontakte zu jungen Frauen über die Schulen
und die Berufsberatung wurden von über 60% benannt, gleich in Folge betonten
mehr als 30% der Unternehmen, dass eine Veränderung der betont männlichen
Berufsbilder erforderlich sei sowie mehr Überzeugungsarbeit bei den Führungs-
kräften geleistet werden müsse (Bundesinstitut für Berufsbildung 2001, S. 2).

Es zeigte sich im Laufe der Folgejahre, dass der in Bezug auf die Resonanz der
jungen Frauen schlechte Start der „modernisierten" IT-Berufe nach kleinen Steigerungen in den ersten zwei Jahren nach dem Start in eine katastrophale Entwicklung
überging. Bis zum Jahr 2009 ist der Anteil der Frauen bei den Neuabschlüssen in
den Ausbildungen um mehr als sechs Prozentpunkte gesunken.

Abbildung 1 zeigt, dass die Anteile der Frauen nach einem kurzen Höchststand
von 14% vor der Jahrtausendwende im Jahr 2009 nur noch bei 8% liegen.

Obwohl bereits die Evaluierung im Jahr 2001 die erheblich unterschiedliche
Akzeptanz von Frauen und Männern zwischen den „alten" Informatikberufen, die
eher als Assistenzberufe (Mathematisch-Technische Assistenten) gekennzeichnet

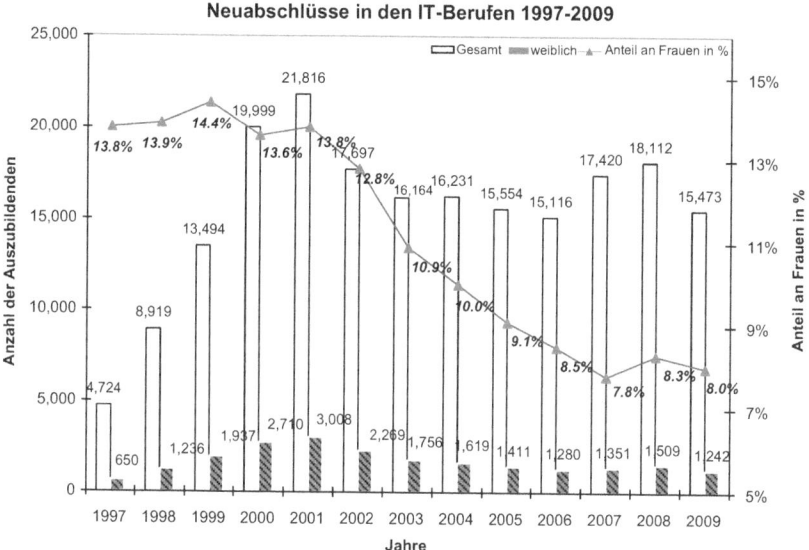

Abb. 1 Neuabschlüsse in den IT-Berufen 1997–2009. (Quelle: Kompetenzzentrum Technik-Diversity-Chancengleichheit, Bielefeld 2011. http://www.kompetenzz.de/Daten-Fakten/Ausbildung)

waren, und den neuen Berufen, wie den System-Informatikern, klar herausgestellt hatte, wird von dem mit der Evaluierung beauftragten Berufsbildungsinstitut Arbeit und Technik der Universität Flensburg (biat) empfohlen, den bei Frauen positiv besetzten Ausbildungsberuf aufzulösen und dessen Arbeitsaufgaben in dem neuen Beruf der „System-Informatiker" aufgehen zu lassen (Petersen und Wehmeyer 2001, S. 219). Zu einer Veränderung der an männlichen Berufsvorstellungen ausgerichteten Berufsbezeichnungen und -beschreibungen der IT-Berufe ergeht kein Vorschlag.

Hier hätte ein klares Signal an die berufspolitischen Entscheider gehen müssen, dass die Chancen für Frauen durch die Neuordnung der IT-Berufsausbildungen in erheblichem Umfang beeinträchtigt wurden und es hätte zu einer „Kurskorrektur" kommen müssen. In den Datenreporten zu den dualen Ausbildungsberufen wird seit Jahren eine scheinbare Unveränderlichkeit des geringen Anteils von Frauen in technischen Ausbildungsberufen beschrieben, ohne dass die umfangreichen Forschungsresultate Eingang in die Analyse und Beschreibung gefunden hätten: „Insgesamt existiert unter den Ausbildungsberufen des dualen Systems eine deutliche Geschlechtersegregation. Die berufsstrukturellen Unterschiede zwischen Männern und Frauen sind seit Mitte der 1980er-Jahre nahezu unverändert" (Bundesinstitut für Berufsbildung 2013, S. 124).

Weitere Studien bestätigten die Evaluierungsergebnisse. So fanden die Forscherinnen des Kompetenzzentrums Technik-Diversity-Chancengleichheit heraus, dass selbst weibliche Auszubildende, die sich bereits für die IT-Berufe entschieden hatten, weit mehr als doppelt so häufig (43 %) wie ihre männlichen Kollegen (17 %) im Verlauf des Entscheidungsprozesses Bedenken hatten, eine Ausbildung in einem IT-Beruf zu wählen (Struwe 2004). Einen interessanten Vergleich zu dem Image von Berufen nahmen Joachim Gerd Ulrich, Andreas Krewerth und Tanja Tschöpe im Jahr 2005 vor: Bei einer Befragung zu der Ausbildung als Mediengestalterin für Digital- und Printmedien bekundeten 23 % der Mädchen ein starkes Interesse an der Ausbildung, während dies für den Beruf der IT-System-Elektronikerin nur bei 2 % der Fall war. Beide Berufe wurden von den Mädchen als sehr technikorientiert beschrieben. Während sie bei der Mediengestalterin aber eher sozial-kommunikative Anteile im Beruf vermuteten, war dies bei den IT-System-Elektronikerinnen nicht der Fall. Es sind also augenscheinlich nicht die technischen Arbeitsanteile im Beruf, die sie abschrecken, sondern die vermutete „Vereinseitigung" technischer Anteile in einem Beruf, die dann zu Lasten der sozial-kommunikativen Seite ausfallen würde (Ulrich et al. 2005, S. 426).

Die Berufsbildungsexpertinnen und -experten haben bereits konkrete Vorschläge zur Herstellung von mehr Chancengerechtigkeit erarbeitet:

> Bei der Suche nach geeigneten Namen im Rahmen von (Neu-)Ordnungsverfahren muss die Geschlechterperspektive unbedingt systematisch in die öffentlich gesteuerten Verfahren eingebracht werden. Unterschiedliche Wahrnehmungen und Reaktionen von Frauen und Männern sind von vornherein zu berücksichtigen. (Ulrich et al. 2005, S. 429)

2.4.2 Studiengänge

Das Image von Berufen wirkt sich in seinem Zusammenspiel mit Geschlechterstereotypen auch im Bereich der Studienorientierung aus. In einer breit angelegten Befragung von mehr als 3000 Schülerinnen und Schülern der Klassen 7 bis 13 im Auftrag der Deutschen Akademie der Technikwissenschaften (acatech) und des Vereins Deutscher Ingenieure von 2008 bis 2009 zeigt sich ein hoher Einfluss von Eltern und Familie insbesondere auf die technikinteressierten Schülerinnen und Schüler (acatech und VDI 2009). Hauptinformationsquellen zu technischen Berufen stellen Praktika und das Internet dar. Während die Information zu den nicht-akademischen Technikberufen innerhalb der Schule als hinreichend gelungen betrachtet wird, ist dies für die akademischen Berufe weniger der Fall. Es fehlt an einem qualitativ guten, praxisnahen Technikunterricht, der wirtschaftliche und gesellschaftliche Bezüge enthält und die Chancen und Auswirkungen von Technik für die Wirtschaft, die Kultur, die Politik und den Alltag beinhaltet. Gerade hierin sehen die Forschenden Anknüpfungspunkte, um das Technikinteresse von Mädchen weiter zu verstärken.

Schülerinnen und Schüler sehen die Ingenieurberufe als vielfältiges, interessantes und herausforderndes Berufsfeld und beziehen ihr Technikinteresse oftmals (43 %) aus punktuellen „Schlüsselerlebnissen" aus den Medien. Sie beobachten die medial berichteten Entwicklungen auf dem Arbeitsmarkt und nutzen diese als ergänzende Entscheidungskriterien bei widerstreitenden Motiven zwischen unterschiedlichen Studienoptionen (acatech und VDI 2009, S. 59). Heike Solga und Lisa Pfahl weisen allerdings darauf hin, dass es nicht ausreiche, das Technikinteresse von Mädchen zu erhöhen, um sie für die Ingenieurstudiengänge und den späteren Arbeitsmarkt zu gewinnen (Solga und Pfahl 2009). Schülerinnen mit mathematisch-naturwissenschaftlichen Kompetenzen müssten frühzeitig durch konkrete Maßnahmen in der Schulzeit in ihrer Selbstwahrnehmung und ihren Selbstkonzepten für Technik gestärkt werden, da sie trotz vorliegender Fähigkeiten und Kompetenzen ansonsten andere, scheinbar passfähigere Studiengänge aus den Geistes-, Rechts- oder Wirtschaftswissenschaften wählen. Die jungen Frauen nehmen auch die widersprüchlichen Signale des Arbeitsmarktes, wie die starke Werbung um MINT-Absolventinnen auf der einen Seite und die ungenügende Vereinbarkeit von Familie und Beruf und fehlende Karriereperspektiven andererseits, durchaus als Hemmnis wahr.

In der Vorstellung der Ergebnisse einer jüngeren Erhebung zur „Berufsorientierung in den Unterhaltungsformaten" bei knapp 2500 Schülerinnen und Schülern aus dem Jahr 2011 bestätigen Marion Esch und Jennifer Grosche die Wahrscheinlichkeit hoher Verluste bei den für MINT qualifizierten und engagierten Schülerinnen. Ähnlich den technischen Berufsausbildungen ziehen Schülerinnen technische Studiengänge und Berufe in ihrer überwiegenden Mehrzahl gar nicht erst in Betracht, sondern wenden sich von Anfang an in ihrer Recherche den ihren Fähigkeiten und Kompetenzen scheinbar optimaler entsprechenden Studiengängen aus den Geistes-, Sprach- oder Sozialwissenschaften zu bzw. den weniger stereotyp männlich assoziierten naturwissenschaftlichen Studiengängen Biologie, Chemie, Human- und Tiermedizin oder der Mathematik (Esch und Grosche 2011, S. 18 f.). Da die jungen Frauen wie auch die jungen Männer vor allem dort beruflich recherchieren, wo sie Studiengänge und Berufe als zu ihnen persönlich passend empfinden, fallen technische Studiengänge oder die Informatik und die Physik zumeist aus dem Suchraster heraus und werden erst gar nicht in Betracht gezogen.

Der Anteil von Schülerinnen und Schülern mit sehr guten oder guten Noten im naturwissenschaftlich-mathematisch-technischen Bereich stimmt in der Befragung weitgehend überein, trotzdem stimmen nur acht Prozent der Schülerinnen, aber 37 % der Schüler dem Statement zu, dass ein ingenieurwissenschaftliches Studium voll und ganz ihren eigenen Neigungen und Interessen entspreche. Noch etwas geringer (6 %) fällt die Einschätzung zur Übereinstimmung mit den eigenen Begabungen aus (Esch und Grosche 2011, S. 19 f.). Da Frauen wie Männer die Passfähigkeit des Studien- oder Berufswunsches zu ihren eigenen Interessen und Neigungen (über 90 %) und zu ihren Begabungen (über 80 %) für besonders wichtig halten, liegt hier ein Schlüssel zur Veränderung.

Die geringe Beachtung der für ein Ingenieurstudium passenden Kompetenzen bei Schülerinnen mit MINT-Potenzial durch Lehrkräfte in den Schulen, Berufsberatungen und Eltern verstärkt den Trend zu eher geschlechtskonformen Suchstrategien. Danach befragt, ob die Eltern die Aufnahme eines ingenieurwissenschaftlichen Studiums sehr begrüßen würden, stimmen nur 24 % der befragten Schülerinnen der Aussage „voll und ganz" bzw. „eher" zu, bei den Schülern waren es 50 %, also mehr als doppelt so viele (Esch und Grosche 2011, S. 20 f.). Das Image der Ingenieurberufe ist zudem hinsichtlich der Chancengleichheit und ihres gesellschaftlichen Nutzens zwiespältig. Aus Sicht der jungen Frauen bieten Ingenieurberufe wenige Chancen, Beruf und Familie zu vereinbaren und Umgang mit anderen Menschen zu haben. Während es für mehr als die Hälfte der Schülerinnen außerordentlich oder ziemlich wichtig ist, einen Beruf auszuüben, der die Möglichkeit bietet, Nützliches für die Allgemeinheit zu tun und sich sozial zu engagieren, vermuten deutlich weniger von ihnen, dass die Ingenieurberufe hierzu beitragen könnten.

Befragt, inwieweit naturwissenschaftlich-technische Kompetenzen bei Frauen eine Attraktivitätswirksamkeit auf Mitschülerinnen oder Mitschüler haben, hielten dies nur 22 % der Gymnasiastinnen und 19 % der Gymnasiasten für ziemlich bis außerordentlich positiv. Bei den Männern hielten dies dagegen 44 % der Frauen und 49 % der jungen Männer für ziemlich bis außerordentlich attraktiv (Esch und Grosche 2011, S. 24 f.).

Hier zeigt sich, dass das in den Medien, in Bildung, Forschung und Wirtschaft erzeugte Image von Technik und Naturwissenschaften in seinem Zusammenspiel mit der Zuschreibung von Kompetenzen zu den jeweiligen Geschlechtern eine hohe Wirkmächtigkeit hat. Gegenläufige Tendenzen wie die hohe Fachkräftenachfrage und das breitenwirksame Engagement für mehr Frauen in MINT haben aber ebenfalls bereits Wirkung gezeigt, die es gezielt zu verstärken und zu erweitern gilt.

In den Ingenieurwissenschaften ist der Anteil an Studienanfängerinnen weiter gestiegen: Im Jahr 2012 haben mehr als 35.700 Frauen, 23 % der Anfänger in Ingenieurwissenschaften insgesamt, mit dem Studium begonnen. Den höchsten Zuwachs hatten die Studiengänge Elektrotechnik (12 % mehr als im Vorjahr) und

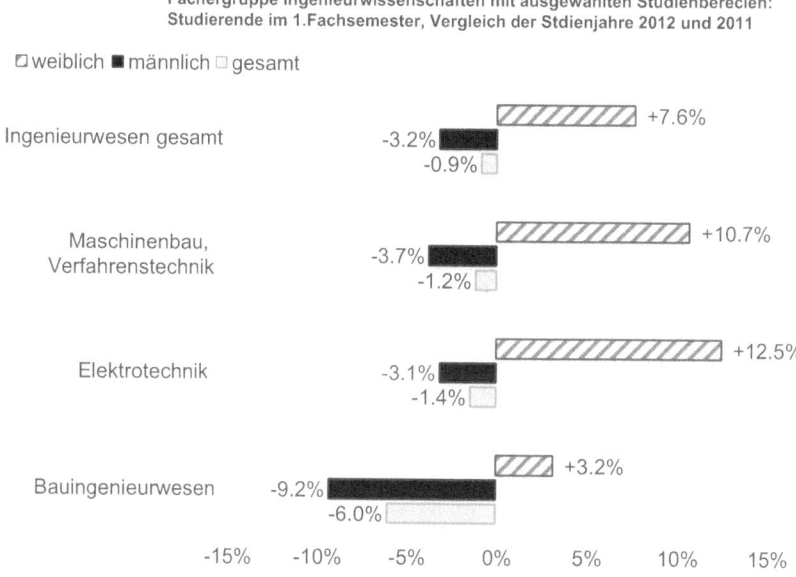

Fächergruppe Ingenieurwissenschaften mit ausgewählten Studienberecien:
Studierende im 1.Fachsemester, Vergleich der Stdienjahre 2012 und 2011

□ weiblich ■ männlich □ gesamt

Ingenieurwesen gesamt — -3.2% / -0.9% / +7.6%

Maschinenbau, Verfahrenstechnik — -3.7% / -1.2% / +10.7%

Elektrotechnik — -3.1% / -1.4% / +12.5%

Bauingenieurwesen — -9.2% / -6.0% / +3.2%

-15% -10% -5% 0% 5% 10% 15%

Abb. 2 Studienanfängerinnen und Studienanfänger in den Ingenieurwissenschaften (1. FS), Vergleich der Studienjahre 2012 und 2011. (© 2013 | Kompetenzzentrum Technik-Diversity-Chancengleichheit, Bielefeld)

Maschinenbau (10 % mehr als im Vorjahr). In der Elektrotechnik hat der Anteil der Studienanfängerinnen erstmals im Jahr 2009 zehn Prozent betragen, im Jahr 2012 liegt er bei mehr als 12 % (3200 Anfängerinnen). Im Studienbereich Maschinenbau/Verfahrenstechnik lag der Anteil der Studienanfängerinnen erstmals im Jahr 1989 bei 10 %, im Jahr 2012 liegt er erstmals bei über 20 % (knapp 11.800 Anfängerinnen).

Abbildung 2 zeigt die positiven Veränderungen in den Prozentanteilen der Frauen in der Fächergruppe Ingenieurwesen im Vergleich der Jahre 2012 und 2011. Ihr Anteil legte um insgesamt 7,6 % zu, der Anteil der Männer ging um 3,2 % zurück.

In der Fächergruppe Mathematik und Naturwissenschaften liegt der Anteil der Studienanfängerinnen im Jahr 2012 bei knapp 39 %, das sind mehr als 58.100 Frauen. Der Zuwachs in der Informatik lag bei knapp 20 %[4], der Anteil der Studienanfängerinnen stieg erstmals seit 1975 auf 22 % (etwa 12.000 Anfängerinnen).

---

[4] Die Daten sind der Internetseite von Komm-mach-MINT. entnommen. http://www.komm-mach-mint.de/Service/Daten-Fakten/2012, letzter Zugriff: 10. Januar 2014.

Die wirksamen Projekte und Initiativen, die dafür sorgen, dass diese positiven Entwicklungen inzwischen sichtbar geworden sind, müssen in dauerhafte und nachhaltige Strukturen übergehen. Wenn beispielsweise auf Bundesebene der Nationale Pakt für Frauen in MINT-Berufen mit seinem erfolgreichen Multiplikatoren-Engagement eine große Sogwirkung auf die Bundesländer, auf Unternehmen, Hochschulen, Medien, Forschungsorganisationen und Verbände hat, dann sind hier die Politik und die Steuerungskräfte in Wirtschaft und Gesellschaft gefragt, neue Modelle einer Etablierung zu prüfen und umzusetzen, bis ein Anteil von mindestens 30 % an Frauen in Ingenieurwissenschaften erreicht ist. Wenn Projekte wie das Niedersachsen-Technikum[5] auf Länderebene zeigen, dass über 90 % der Absolventinnen der sechsmonatigen Praxisphasen in Unternehmen mit parallelen Hochschultagen in die MINT-Studiengänge und -Ausbildungen einmünden, können diese erfolgreichen Konzepte nur dann zu dem Ziel von mindestens 30 % beitragen, wenn sie konsequent fortgesetzt und in die strukturellen Förderschienen des Landes, der Hochschulen und der Unternehmen einbezogen werden.

Die Zuwächse im Hochschulbereich zeigen, dass die Botschaft positiver beruflicher Chancen für Frauen in den MINT-Studiengängen angekommen ist. Für Frauen und Männer in Deutschland gehört es immer mehr zur Normalität, einer Erwerbstätigkeit nachzugehen. Die Unterschiede zwischen den Geschlechtern sind weiterhin vorhanden, nehmen aber merklich ab. So ist die Erwerbstätigenquote[6] in den Jahren von 2001 bis 2011 deutlich angestiegen: Bei den Frauen betrug der Anstieg 8,8 Prozentpunkte auf 67,6 %, bei den Männern 4,3 Prozentpunkte auf 77.1 % (Bundesagentur für Arbeit 2013, S. 7). Während die Differenz im Jahr 2011 bei weniger als zehn Prozentpunkten lag, betrug sie in den 90er-Jahren noch über zwanzig Prozent. Die Nachfrage nach Hochschulabsolventinnen und weiblichen Fachkräften stieg deutlich an.

3 Perspektiven

Für junge Leute erscheinen die Berufs- und Lebensperspektiven durch die neuen Medien offener und vielfältiger, während sie in gleichem Maße unsicherer und unplanbarer werden. Frauen und Männer werden mit der Anforderung konfrontiert, ihre Lebensperspektiven an „moderne" Formen der Vereinbarkeit von Familie und

---

[5] Das Niedersachsen-Technikum ist unter www.niedersachsen-technikum.de im Internet zu finden.

[6] Die Erwerbstätigenquote beziffert den Anteil der Erwerbstätigen im Alter der 15- bis unter 65-Jährigen im Verhältnis zur entsprechenden Bevölkerung in diesem Alter.

Beruf anzupassen: Beide Geschlechter sollen gleichermaßen berufliche Karrieren verfolgen können und familiäre Aufgaben miteinander teilen. Diese Anforderungen treffen junge Frauen und junge Männer je nach Bildungssituation, Herkunft, sozialer Schicht und Einkommen in unterschiedlichem Ausmaß. Und: Sie alle treffen auf eine Gesellschaft, auf Unternehmensleitungen und Arbeitnehmervertretungen, die sich bisher noch nicht umfassend genug auf diese Veränderungen eingestellt haben (Sonnenschein et al. 2012).

Die Kommunikation über die erzielten Fortschritte und strategischen Handlungserfordernisse in der schulischen und hochschulischen Bildung und den Berufsfeldern in MINT muss gezielt in die zentralen Gremien in Politik, Wirtschaft und Gesellschaft getragen werden, die Veränderungen bewirken und fördern können. Die Erfolge junger Frauen haben in den letzten Jahren in einem erheblichen Teil der technischen Berufe deutlich zugenommen. Dies betrifft insbesondere die Hochschulabsolventinnen, eine entsprechend hohe Dynamik ist in den Ausbildungsberufen nicht zu sehen. Die Bundesagentur für Arbeit weist in ihrer Arbeitsmarktberichterstattung darauf hin, dass sich der Arbeitsmarkt für MINT-Fachkräfte in einem Vergleich zwischen den Jahren 2007 und 2011 positiv entwickelt habe (Bundesagentur für Arbeit 2011), gleiches gilt für den Deutschen Gewerkschaftsbund (DGB 2013, S. 3). Frauen haben von diesem Beschäftigungswachstum mehr profitiert als Männer: Der Anteil der Naturwissenschaftlerinnen erhöhte sich gegenüber 2007 um 35 Prozentpunkte, der Anteil der Ingenieurinnen stieg um knapp ein Viertel an. Auch das Forschungsinstitut der Deutschen Wirtschaft Köln bestätigt diesen erheblichen Anstieg.

> Zwischen den Jahren 2000 und 2010 ist die Zahl der erwerbstätigen MINT-Akademikerinnen um 155.800 gestiegen, das entspricht einer durchschnittlichen jährlichen Beschäftigungsexpansion in Höhe von 4,3 % oder 15.600 Personen. Seit dem Jahr 2005 hat die Beschäftigungsdynamik noch einmal zugenommen und zeigt einen jährlichen Zuwachs von 4,5 % oder 17.700 erwerbstätigen Frauen mit einem MINT-Hochschulabschluss. Damit liegt die relative Beschäftigungsdynamik bei weiblichen MINT-Akademikern deutlich höher als bei ihren männlichen Pendants, […]. (IW-Köln 2013, S. 22)

In der Fokussierung der öffentlichen Diskussion auf das Thema Quote und die geringen Fortschritte in der Besetzung der ersten Managementebenen durch Frauen, gehen die erzielten Fortschritte häufig unter (Schwarze et al. 2013). Für Schulabsolventinnen und Studentinnen ist es aber wichtig zu sehen, dass Frauen beruflich erfolgreich sind und Karrierepositionen gleichberechtigt anstreben und erreichen können. Rollenvorbilder positiver wie negativer Art entstehen auch in ihrer Konstruktion durch die Medien, die Themen wie die Karrieren von Frauen mehrheitlich

nach ihrem Sensationsgehalt und in Porträts erfolgreicher Vorstandsfrauen veröf-
fentlichen, deren Scheitern in Einzelfällen breiten Raum in der Berichterstattung
einnimmt.

Genderwissen und MINT-Forschungsergebnisse müssen zukünftig konsequent
in die Neuformulierung und Neukonzeptionierung von Ausbildungen, Studiengängen und Berufen eingebracht werden, um eine weitere positive Entwicklung der
Teilhabe von Frauen in den MINT-Berufen zu erreichen. Unter dem Geschlechteraspekt gravierend fehllaufende Entwicklungen in sogenannten Zukunftsberufen,
wie im IT-Bereich zu sehen, müssen kurzfristig korrigiert und verändert werden.
Es darf keine „Gegnerschaft" zwischen dem Engagement für Jungen und Mädchen aufgebaut werden, denn die Initiativen für beide Geschlechter müssen dort
ansetzen, wo gravierende Fehlentwicklungen stattgefunden haben: in der Stereotypisierung der Kompetenzen und Fähigkeiten von Frauen und Männern, in der
Zuweisung von Ausbildungen, Studiengängen und Berufen nach Geschlecht und
in der horizontalen und vertikalen Segregation der Berufe. Es bedarf neuer gesellschaftlicher Anstrengungen und Modelle, um den engen Zusammenhang zwischen
den Berufsperspektiven für Frauen und den erst in Ansätzen sichtbaren Veränderungen in der Zuständigkeit von Frauen und Männern für Familienaufgaben (Kinder, Familienhaushalt und Pflege) nicht nur sichtbar zu machen, sondern hierfür
Lösungen zu entwickeln, die beiden Geschlechtern gerecht werden.

Die Innovationskraft innerhalb der weiblichen Hälfte der Bevölkerung und
innerhalb spezieller Gruppen, wie den jungen Leuten aus Familien mit Migrationshintergrund oder Familien mit sozioökonomischen Nachteilen, bedarf höherer
Beachtung sowie dauerhafter und kreativer Wege der Entwicklung und Nutzung.
Zahlreiche der Innovationsstudien der letzten Jahre haben hierauf verwiesen, ohne
bisher die notwendigen Lösungswege aufgezeigt zu haben (Expertenkommission
Forschung und Innovation 2013 und 2012; Deutsche Telekom Stiftung und BDI
2011). Es bestehen noch fachliche Grenzen zwischen der Bildungs-, der Innova-
tions-, der Wissenschafts- und Genderforschung. Diese gilt es im Interesse der
Gewinnung eines größeren und heterogeneren Fach- und Führungskräftepools zu
überwinden und in neue, interdisziplinäre Forschungsfelder zu überführen.

Wie groß die drohende Personallücke auch ausfällt – Fakt ist: Sie bremst langfristig
Wachstum und Konjunktur. Allein das muss es für Unternehmen interessant machen,
alle Arbeitskräftepotenziale zu mobilisieren, die der Markt birgt. Doch nur ein klei-
ner Teil der Unternehmenslenker und Diskussionsführer hat heute offenbar im Blick,
welche Rolle Frauen spielen, wenn es darum geht, zukunftsfähig zu wirtschaften,
Vakanzen mit den besten Köpfen zu besetzen und das Unternehmensergebnis zu
sichern. (accenture 2013, S. 4)

Literatur

Acatech – Deutsche Akademie der Technikwissenschaften, VDI – Verein Deutscher Ingenieure e. V. (2009) Nachwuchsbarometer Technikwissenschaften. München: Ergebnisbericht

Accenture. 2013. So definieren Frauen Erfolg. Internationale Accenture Frauenstudie 2013. http://careers.accenture.com/SiteCollectionDocuments/PDF/POV_Accentures_Frauenstudie_2013.pdf. Zugegriffen 02. Feb. 2014

Allmendinger, J., und J. Haarbrücker (2013) Lebensentwürfe heute. Wie junge Frauen und Männer in Deutschland leben wollen. Kommentierte Ergebnisse der Befragung 2012. Discussion Paper, P 2013-002, Wissenschaftszentrum für Sozialforschung. Berlin. http://www.wzb.eu/de/forschung/projektgruppe-der-praesidentin/projektgruppe/projekte/lebensentwuerfe-junge-frauen-und-maenner-heute. Zugegriffen 14. Jan. 2014.

Baumert, J., C. Artelt, E. Klieme, J. Neubrand, M. Prenzel, U. Schiefele, W. Schneider, G. Schümer, P. Stanat, K.-J. Tillmann, und M. Weiß. 2002. *PISA 2000: Die Studie im Überblick. Grundlagen, Methoden und Ergebnisse.* Berlin: Max-Planck-Institut für Bildungsforschung.

BDA Bundesvereinigung der Deutschen Arbeitgeberverbände. 2012. Bologna@Germany 2012. 5. Erklärung der Personalvorstände führender deutscher Unternehmen. http://www.arbeitgeber.de/www/arbeitgeber.nsf/id/DE_7KUDN8_Bachelor_Welcome Zugegriffen: 2. Dez. 2013.

Beicht, U. 2011. Junge Menschen mit Migrationshintergrund: Trotz intensiver Ausbildungsstellensuche geringere Erfolgsaussichten. BiBB Report Ausgabe 16/11.

Beicht, U., und M. Granato. 2011. Prekäre Übergänge vermeiden – Potenziale Nutzen. Junge Frauen und junge Männer an der Schwelle von der Schule zur Ausbildung. Expertise im Auftrag des Gesprächskreises Migration und Integration der Friedrich-Ebert-Stiftung. library.fes.de/pdf-files/wiso/08224.pdf. Zugegriffen: 28. Dez. 2013.

Bertelsmann Stiftung. 2002. Konsequenzen aus PISA. Positionen der Bertelsmann Stiftung. http://www.bertelsmann-stiftung.de/cps/rde/xbcr/SID-7CEF6994–06470C06/bst/Schule_nach_PISA_final.pdf. Zugegriffen: 29. Nov. 2013.

Blossfeld, H.-P., W. Bos, D. Lenzen, D. Müller-Böhling, J. Oelkers, M. Prenzel, und L. Wößmann. 2007. *Bildungsgerechtigkeit. Jahresgutachten 2007*. Wiesbaden: VS Verlag für Sozialwissenschaften.

Blossfeld, H.-P., W. Bos, B. Hannover, D. Lenzen, D. Müller-Böhling, M. Prenzel, und L. Wößmann 2009. *Geschlechterdifferenzen im Bildungssystem. Jahresgutachten 2009*. Wiesbaden: VS Verlag für Sozialwissenschaften.

Borch, H., und H. Weissmann 2000. Erfolgsgeschichte IT-Berufe. In *Berufsbildung in Wissenschaft und Praxis 29/6, Sonderdruck*, Hrsg. Bundesinstitut für Berufsbildung, 3–6. Bonn. http://www.bibb.de/veroeffentlichungen/en/publication/download/id/1516. Zugegriffen: 20. Juni 2005.

Budde, J. 2009. *Mathematikunterricht und Geschlecht. Empirische Ergebnisse und pädagogische Ansätze. Bildungsforschung*. Bd. 30. Berlin: Bundesministerium für Bildung und Forschung.

Bundesagentur für Arbeit. 2011. Arbeitsmarktberichterstattung. Kurzinformation Frauen und MINT-Berufe. Nürnberg.

Bundesagentur für Arbeit. 2013a. Arbeitsmarktberichterstattung: Der Arbeitsmarkt in Deutschland. Frauen und Männer am Arbeitsmarkt 2012. Nürnberg.

Bundesagentur für Arbeit. 2013b. MINT for you. Mädchen in MINT-Berufen – Social für you. Jungs in sozialen Berufen, planet-beruf.de – Mein Start in die Ausbildung. Heft 2013. Nürnberg.

Bundesagentur für Arbeit. 2013c. *Frauen – Mann –Beruf: Was heißt hier typisch? Abi>>[extra].* Ausgabe 2013. Braunschweig: Westermann.

Bundesinstitut für Berufsbildung. 2001. Referenz-Betriebs-System, Information Nr. 19. Ausbildung junger Frauen in IT-Berufen. Bonn.

Bundesinstitut für Berufsbildung. 2013. Datenreport zum Berufsbildungsbericht 2013. Informationen und Analysen zur Entwicklung der beruflichen Bildung. Bonn.

Bundesministerium für Familie, Senioren, Frauen und Jugend. 2007. 20-jährige Frauen und Männer heute. Lebensentwürfe, Rollenbilder, Einstellungen zur Gleichstellung. Bonn.

Bundesministerium für Familie, Senioren, Frauen und Jugend. 2012. Achter Familienbericht. Zeit für Familie –Familienzeitpolitik als Chance einer nachhaltigen Familienpolitik. Berlin: Deutscher Bundestag 17/9000.

Cremers, M. 2007. *Neue Wege für Jungs? Ein geschlechtsbezogener Blick auf die Situation von Jungen im Übergang von Schule-Beruf.* Berlin: Bundesministerium für Familie, Senioren, Frauen und Jugend.

Connell, R. W. 1999. Der gemachte Mann. Konstruktion und Krise von Männlichkeiten. Opladen.

Cornelißen, W., und M. Gille. 2005. Was ist Mädchen und jungen Frauen für ihre Zukunft wichtig? http://www.dji.de/bibs/5720_Internet_Lebenswuensche_Frankfurt.pdf. Zugegriffen: 1. März 2013.

Deutsche Telekom Stiftung, BDI Bundesverband der Deutschen Industrie e. V. 2011. *Innovationsindikator 2011.* Bonn. http://www.innovationsindikator.de/fileadmin/user_upload/Dokumente/Innovationsindikator_2011.pdf. Zugegriffen: 01. April 2013.

DGB Deutscher Gewerkschaftsbund. 2013. Frauen in MINT-Berufen – Weibliche Fachkräfte im Spannungsfeld Familie, Beruf und berufliche Entwicklungsmöglichkeiten. *arbeitsmarkt*aktuell 3/2013.

Dostal, W. 2006. Der Einfluss des Fernsehens auf das Berufswahlverhalten. In *Übergang Schule und Beruf. Aus der Praxis für die Praxis – Region Emscher-Lippe. Wissenswertes für Lehrkräfte und Eltern,* Hrsg. N. Bley und M. Rullmann, 305–314. Recklinghausen: Forschungsinstitut Arbeit, Bildung.

Dresel, M., K. A. Heller, B. Schober, und A. Ziegler. 2001. Geschlechtsunterschiede im mathematisch-naturwissenschaftlichen Bereich: Motivations- und selbstwertschädliche Einflüsse der Eltern auf Ursachenerklärungen ihrer Kinder in Leistungskontexten. In *Lehren und Lernen im Kontext empirischer Forschung und Fachdidaktik,* Hrsg. C. Finkbeiner, G. W. Schnaitmann, 270–280. Donauwörth: Auer.

Esch, M. 2011. MINT und Chancengleichheit in fiktionalen Fernsehformaten – Einführung und ausgewählte Ergebnisse einer Programmanalyse. In *MINT und Chancengleichheit in fiktionalen Fernsehformaten,* Hrsg. Bundesministerium für Bildung und Wissenschaft, 6–15. Bielefeld: W. Bertelsmann Verlag.

Esch, M., J. Grosche. 2011. Fiktionale Fernsehprogramme im Berufsfindungsprozess – Ausgewählte Ergebnisse einer bundesweiten Befragung von Jugendlichen. In *MINT und Chancengleichheit in fiktionalen Fernsehformaten,* Hrsg. Bundesministerium für Bildung und Wissenschaft, 6–15. Berlin.

Europäische Kommission. 2009. *Geschlechterunterschiede bei Bildungsresultaten: Derzeitige Situation und aktuelle Maßnahmen in Europa.* Brüssel: Exekutivagentur Bildung. Audiovisuelles und Kultur.

Expertenkommission Forschung und Innovation. 2012. Gutachten zur Forschung, Innovation und Technologischer Leistungsfähigkeit Deutschlands 2012. Berlin. http://www.e-fi. de/fileadmin/Gutachten/EFI_Gutachten_2012_deutsch.pdf. Zugegriffen: 1. April 2013.

Expertenkommission Forschung und Innovation. 2013. Gutachten zur Forschung, Innovation und Technologischer Leistungsfähigkeit Deutschlands 2013. Berlin. http://www.e-fi. de/fileadmin/Gutachten/EFI_2013_Gutachten_deu.pdf. Zugegriffen: 1. April 2013.

Finsterwald, M., und A. Ziegler. 2002. Geschlechtsunterschiede in der Motivation: Ist die Situation bei normal begabten und hochbegabten Schüler(innen) die gleiche? In *Hoch begabte Mädchen und Frauen: Begabungsentwicklung und Geschlechtsunterschiede*, Hrsg. H. Wagner, 66–83. Bad Honnef: Bock.

Gauger, J.-D., und H. Grewe. 2002. Zur Einführung: öffentliche Reaktionen auf die PISA-Studie. In *PISA und die Folgen: Neue Bildungsdebatte und erste Reformschritte*, Hrsg. D. Althaus, J. Kraus, J.-D. Gauger, und H. Grewe. Sankt Augustin: Konrad-Adenauer-Stiftung e. V.

Gehrau, V., und H. J. vom Hofe. 2013. Medien und Berufsvorstellung Jugendlicher. Eine Studie zur Darstellung von Berufen in Fernsehserien und deren Einfluss auf die Berufsvorstellungen Jugendlicher. In Berufsorientierung: Ein Lehr- und Arbeitsbuch, Hrsg. T. Brüggemann und S. Rahn, 123–134. Münster: Waxmann.

Hannover, B. 2010. Lernen Mädchen anders? In *Handbuch Mädchen-Pädagogik*, Hrsg. M. Matzner und I. Wyrobnik, 95–100. Weinheim: Beltz.

Horstkemper, M. 1995. *Schule, Geschlecht und Selbstvertrauen: Eine Längsschnittstudie über Mädchensozialisation in der Schule.* Weinheim: Juventa.

Hurrelmann, K. 2010. Kompetenz- und Leistungsdefizite junger Männer. Plädoyer für eine gezielte Jungenförderung im Bildungssystem. http://www.vbe-bw.de/wDeutsch/landesbezirke/nb/pdf/Kompetenzdefizite_junger_Maenner.pdf. Zugegriffen: 11. Dez. 2013.

Institut für Demoskopie Allensbach. 2013. Studie Hindernis Herkunft. Eine Umfrage unter Schülern, Lehrern und Eltern zum Bildungsalltag in Deutschland. Im Auftrag der Vodafone Stiftung Deutschland, Düsseldorf. http://www.vodafone-stiftung.de/meta_downloads/54638/allensbach-studie_hindernis_herkunft.pdf . Zugegriffen: 02. Jan. 2014.

IW-Köln Institut der Deutschen Wirtschaft Köln. 2013b. MINT-Herbstreport 2013. Erfolge bei der Akademisierung sichern, Herausforderungen bei beruflicher Bildung annehmen. Gutachten für BDA, BDI, MINT-Zukunft schaffen und Gesamtmetall. Köln.

Jude, N., und T. Ehmke. 2010. Soziale Herkunft und Kompetenzerwerb. In *PISA 2009 Bilanz nach einem Jahrzehnt*, Hrsg. E. Klieme, C. Artelt, J. Hartig, N. Jude, O. Köller, M. Prenzel, W. Schneider, und P. Stanat. Münster: Waxmann.

Jungwirth, H. 1990. *Mädchen und Buben im Mathematikunterricht. Eine Studie über geschlechtsspezifische Modifikationen der Interaktionsstrukturen.* Wien: Österreichisches Bundesministerium für Unterricht, Kultus und Sport (BMUK).

Keller, C. 1998. *Geschlechterdifferenzen in der Mathematik: Prüfung von Erklärungsansätzen. Eine mehrebenenanalytische Untersuchung im Rahmen der ,Third International Mathematics and Science Study'.* Zürich: Zentralstelle der Studentenschaft.

Kessels, U., und B. Hannover. 2002. Die Auswirkungen von Stereotypen über Schulfächer auf die Berufswahlabsichten Jugendlicher. In *Pädagogische Psychologie unter gewandelten gesellschaftlichen Bedingungen*, Hrsg. B. Spinath und E. Heise, 53–67. Hamburg: Kovac.

Klieme, E., C. Artelt, J. Hartig, N. Jude, O. Köller, M. Prenzel, W. Schneider, und P. Stanat. 2010. *PISA 2009 Bilanz nach einem Jahrzehnt.* Münster: Waxmann.

Köller O., K. Schnabel und J. Baumert. 2000. Der Einfluss der Leistungsstärke von Schulen auf das fachspezifische Selbstkonzept der Begabung und das Interesse. In: Zeitschrift für Entwicklungspsychologie und Pädagogische Psychologie, 32, S. 70-80.

Kreienbaum, M. A. 1995. Erfahrungsfeld Schule: Koedukation als Kristallisationspunkt. Weinheim: Deutscher Studien-Verlag.

Kreienbaum, M. A., und S. Metz-Göckel. 1992. *Koedukation und Technikkompetenz von Mädchen. Der heimliche Plan der Geschlechtererziehung und wie man ihn ändert.* Weinheim: Juventa.

Langfeldt, B., und A. Mischau. 2011. Genderkompetenz als Bestandteil der Lehramtsausbildung im Fach Mathematik – zu innovativ für deutsche Hochschulen? *Zeitschrift für Hochschulentwicklung ZFHE* 6 (3): 311–324.

Leszczensky, M., A. Cordes, C. Kerst, T. Meister, und J. Wespel. 2013. Bildung und Qualifikation als Grundlage der technologischen Leistungsfähigkeit Deutschlands. Bericht des Konsortiums „Bildungsindikatoren und technologische Leistungsfähigkeit". *HIS_ Forum Hochschule* 11/2013.

Matzner, M. 2010. Mädchen und junge Frauen im Übergang von der Schule in die Arbeitswelt. In *Handbuch Mädchen-Pädagogik,* Hrsg. M. Matzner, I. Wyrobnik 197–219. Weinheim: Beltz.

MFS – Medienpädagogischer Forschungsverbund Südwest. 2013. JIM-Studie 2013. Jugend, Information, (Multi-)Media. Basisuntersuchung zum Medienumgang 12- bis 19-jähriger. Stuttgart. http://www.mpfs.de/index.php?id=613. Zugegriffen: 02. Jan. 2014.

Nissen, U, B. Keddi, und P. Pfeil. 2003. *Berufsfindungsprozesse von Mädchen und jungen Frauen. Erklärungsansätze und empirische Befunde.* Opladen: Leske + Budrich.

Offe, C. 1975. Bildungssystem, Beschäftigungssystem und Bildungspolitik: Ansätze zu einer gesamtgesellschaftlichen Funktionsbestimmung des Bildungswesens. In *Bildungsforschung. Probleme – Perspektiven – Prioritäten. Deutscher Bildungsrat, Gutachten und Studien der Bildungskommission.* Bd. 50., Hrsg. H. Roth und D. Friedrich, 217–252. Stuttgart: Klett.

Petersen, W., und C. Wehmeyer. 2001. *Die neuen IT-Berufe auf dem Prüfstand. Teilprojekt 1 Abschlussbericht. Ergebnisse der schriftlichen Befragung von Betrieben und Auszubildenden zur Ausbildung in den neuen IT-Berufen.* Flensburg: Eine bundesweite Studie im Auftrag des Bundesinstituts für Berufsbildung BiBB.

Pimminger, I. 2012. Junge Frauen und Männer im Übergang von der Schule in den Beruf. Agentur für Gleichstellung im ESF. Berlin. http://www.neue-wege-fuer-jungs.de/content/download/7007/52109/file. Zugegriffen: 13. Dez. 2013.

Prenzel, M., J. Baumert, W. Blum, R. Lehmann, D. Leutner, W. Neubrand, R. Pekrun, H.-G. Rolff, J. Rost, und U. Schiefele. 2004. *PISA 2003. Der Bildungsstand der Jugendlichen in Deutschland – Ergebnisse des zweiten internationalen Vergleichs.* Münster: Waxmann.

Prenzel, M., C. Sälzer, E. Klieme, und O. Köller. 2013. PISA 2012. Fortschritte und Herausforderungen in Deutschland. Zusammenfassung. http://www.pisa.tum.de/fileadmin/w00bgi/www/Berichtband_und_Zusammenfassung_2012/PISA_Zusammenfassung_online.pdf. Zugegriffen: 16. Dez. 2013.

Puhlmann, A. 2008. Berufsorientierung junger Frauen zwischen Geschlechterrollenklischees und Professionalisierung. http://www.bwpat.de/ht2008/ft06/puhlmann_ft06-ht2008_spezial4.pdf. Zugegriffen: 13. Dez. 2013.

Puhlmann, A., K. Gutschow, A. Rieck, und N. Brand. 2011. *Berufsorientierung junger Frauen im Wandel*. Abschlussbericht. Forschungsprojekt 3.4.302 (JFP 2009). Bonn: Bundesinstitut für Berufsbildung. https://www2.bibb.de/tools/fodb/pdf/eb_34302.pdf. Zugegriffen: 20. Jan. 2013.

Schelsky, H. 1957. *Schule und Erziehung in der industriellen Gesellschaft*. Würzburg: Werkbund.

Schulze, A., R. Unger, und S. Hradil. 2008. Bildungschancen und Lernbedingungen an Wiesbadener Grundschulen am Übergang zur Sekundarstufe I. Projekt- und Ergebnisbericht zur Vollerhebung der GrundschülerInnen der 4. Klasse im Schuljahr 2006/7. Projektgruppe Sozialbericht zur Bildungsbeteiligung (Hrsg), Amt für Soziale Arbeit. Wiesbaden. http://www.uni-mainz.de/downloads/02_soziologie_uebergangsstudie_wiesbaden.pdf. Zugegriffen: 12. Dez. 2013.

Schwarze, B. 2011. Lasst sie doch denken! In *Generation Girls'Day*, Hrsg. W. Wentzel, S. Mellies, und B. Schwarze. Opladen: Budrich.

Schwarze, B., A. Frey, A.-G. Hübner, B. Behrens, und R. Grote. 2013. Frauen im Management 2013 (FIM). Studie in Kooperation des Kompetenzzentrums Frauen im Management, Hochschule Osnabrück, mit Bisnode Deutschland GmbH, Osnabrück.

Sell, S. 2013. Wie verändert sich das Berufswahlverhalten junger Menschen? – Zu viele Jugendliche interessieren sich für zu wenig Berufe. In *Duale Ausbildung 2020. 14 Fragen & 14 Antworten*, Hrsg. C. Henry-Hutmacher und E. Hoffmann, 47–50. Bonn: Konrad Adenauer Stiftung.

Solga, H., und L. Pfahl. 2009. *Doing Gender* im technisch-naturwissenschaftlichen Bereich. Discussion Paper SP I 2009-502. Berlin: Wissenschaftszentrum Berlin für Sozialforschung.

Sonnenschein, M, V. Lang, und W. Stolle. 2012. Wie familienfreundlich sind Unternehmen in Deutschland? Studie von A.T.Kearney im Rahmen der Initiative 361° – Die Neu-Erfindung der Familie. Düsseldorf.

Stanat, P., D. Rauch, und M. Segeritz. 2010. Schülerinnen und Schüler mit Migrationshintergrund. In *PISA 2009. Bilanz nach einem Jahrzehnt*, Hrsg. E. Klieme, C. Artelt, J. Hartig, N. Jude, O. Köller, M. Prenzel, W. Schneider, und P. Stanat, 200–230. Münster: Waxmann.

Stompe, A. 2008. Armut und Bildung: PISA im Spiegel sozialer Ungleichheit. In: ZTG Bulletin 29 + 30 Texte/Armut und Geschlecht online, Juni 9/2008, Humboldt-Universität, Berlin. 132–144. http://ztgblog.wordpress.com/2008/06/09/ztg-bulletin-2930-texte-armut-und-geschlecht-online. Zugegriffen: 12. Dez. 2013.

Struwe, U. 2004. Frauen und Männer in IT-Ausbildung und Beruf. Idee-it – Eine Auswertung der Begleitforschung. In Kompetenzzentrum Technik-Diversity-Chancengleichheit. Hrsg., Bielefeld. http://www.bmfsfj.de/RedaktionBMFSFJ/Abteilung4/Pdf-Anlagen/ergebnisse-zweite-erhebungsphase-idee-it. Zugegriffen: 12. Dez. 2013.

Struwe, U. 2007. Frauen und Männer in IT-Ausbildung und –Beruf. Eine Auswertung der idee-it Begleitforschung. In *(Erfolgreicher)Einstieg in IT-Berufe! Untersuchungen zur Orientierungs- und Berufseinstiegsphase von Männern und Frauen*, Hrsg. Kompetenzzentrum Technik-Diversity-Chancengleichheit, 48–227. Bielefeld. http://www.kompetenzz.de/index.php/content/download/4599/34497/file/Studie_gesamt.pdf. Zugegriffen: 12. Dez. 2013.

Struwe, U., und W. Wentzel. 2010. Berufsimages aus der Sicht von Girls'Day-Teilnehmerinnen. Ein Längsschnittvergleich zur Einschätzung technischer und sozialer Berufe durch Teilnehmerinnen des Girls'Day. Forschungsreihe Girls'Day. Beiträge zur geschlechter-

sensiblen Berufsorientierung 2. Kompetenzzentrum Technik-Diversity-Chancengleichheit, Bielefeld.

Tenorth, H.-E. 2009. Idee und Konzeption von Bildungsstandards. In *Bildungsstandards als
Instrument schulischer Qualitätsentwicklung,* Hrsg. R. Wernstedt, M. John-Ohnesorg,
13–16. Berlin: Friedrich-Ebert-Stiftung.

Tillmann, K.-J. 2009. Die Bildungsstandards der Kultusministerkonferenz – Zur bildungs-
politischen Entwicklung seit 2000. In *Bildungsstandards als Instrument schulischer
Qualitätsentwicklung,* Hrsg. R. Wernstedt, M. John-Ohnesorg, 21–27. Berlin: Friedrich-
Ebert-Stiftung.

Trautner, H.-M. 2006. Sozialisation und Geschlecht. In *Die entwicklungspsychologische
Perspektive,* Hrsg. H. Bilden und B. Dausien, 103–121. Opladen: Budrich.

Ulrich, J. G., A. Krewerth, und T. Tschöpe. 2005. Berufsbezeichnungen und ihr Einfluss
auf das Berufsinteresse von Mädchen und Jungen. http://www.bibb.de/dokumente/pdf/
a21_einfluss-berufsbezeichnungen.pdf. Zugegriffen: 5. Mai 2011.

Ulrich, J. G., A. Krewerth, und V. Eberhard. 2006. Berufsbezeichnungen und ihr Einfluss auf
die Berufswahl von Jugendlichen. Abschlussbericht, Forschungsprojekt 2.3.103. Bonn:
Bundesinstitut für Berufsbildung. http://www2.bibb.de/tools/fodb/pdf/eb_23103.pdf.
Zugegriffen: 5. Mai 2011.

Väter GmbH. 2012. Trendstudie „Moderne Väter". Wie die neue Vätergeneration Familie,
Gesellschaft und Wirtschaft verändert. Hamburg.

Venth, A. 2011. Was hat Männlichkeit mit Bildung zu tun? Studie zum Verhältnis zwischen
dem hegemonialen Männerbild und einem lebensbegleitenden Lernen, Deutsches Institut für Erwachsenenbildung. Bonn. http://www.die-binn.de/institut/dienstleistungen/
Publikationen/texte-online.aspx. Zugegriffen: 1. März 2013.

Wentzel, W. 2013. Wunsch und Wirklichkeit – Berufsfindung von Mädchen mit Migrationshintergrund. Forschungsreihe Girls'Day. Beiträge zur geschlechtersensiblen Berufsorientierung 3. Kompetenzzentrum Technik-Diversity-Chancengleichheit. Bielefeld.

Ziegler, A., C. Kuhn, und K. A. Heller. 1998. Implizite Theorien von gymnasialen mathe-
matik- und Physiklehrkräften zu geschlechtsspezifischer Begabung und Motivation. *Psy-
chologische Beiträge* 40:271–287.

Prof. Dr. Barbara Schwarze ist Soziologin und Professorin für Gender und Diversity
Studies an der Hochschule Osnabrück. Die Professur ist der Fakultät Ingenieurwissenschaften und Informatik zugeordnet, dort befindet sich auch das kollegial aufgebaute Labor
für Produkttests und Gender und Diversity Research. Prof. Schwarze ist Sprecherin des
Innovationszentrums Gender, Diversity, Interkulturalität an der Hochschule Osnabrück. In
ehrenamtlicher Funktion ist sie Vorsitzende des Kompetenzzentrums Technik – Diversity
– Chancengleichheit in Bielefeld und Mitglied des Präsidiums der Initiative D21, einem
bundesweiten Zusammenschluss von ca. 200 Unternehmen der Informations- und Kommunikationstechnikbranche. Ihre Arbeits- und Forschungsschwerpunkte liegen im Bereich der
Studien- und Berufsorientierung, dem Fachkräftenachwuchs, Gender und Diversity als Innovationsfaktoren und Frauen im Management. Prof. Schwarze ist u. a. Mitglied in VDI und
VDE, im Hochschulrat der Hochschule Ostwestfalen-Lippe und Vorsitzende des Beirats für
den Kongress WoMenPower der Hannover Messe Industrie. *Aktuelle Publikation im Bereich
Gender und MINT-Fächer:* Schwarze, B. (2011). Lasst sie doch denken! In W. Wentzel, S.
Mellies, & B. Schwarze. (Hrsg.), *Generation girls' day* (S. 235 -252). Budrich: Opladen.

Gender: Ein Element bei der Berufswahl von MINT-Fächern als Herausforderung für Wissenschaft, Universitäten und Wirtschaft

Armgard von Reden

Kurzfassung

In dem vorliegenden Beitrag stellt die Autorin die übergeordnete Frage, über welche Kanäle und unter Nutzung welcher Informationsquellen sich junge Frauen hinsichtlich ihrer Berufswahl orientieren bzw. was sie in ihren Entscheidungen und Tendenzen maßgeblich beeinflusst. Vor dem Hintergrund des trotz zu verzeichnender Aufwärtsentwicklungen nach wie vor signifikanten Mangels an Frauen in MINT-Berufen – mit zum Teil deutlichem Gefälle zwischen den einzelnen Disziplinen – entwickelt die Autorin ein Problemgerüst, anhand dessen sie zunächst mithilfe bestehender Studien den Versuch unternimmt, die Attraktivität verschiedener Berufsfelder für Frauen zu ermitteln und die daraus hervorgehende Attraktivitätsskala zu analysieren. Anschließend greift sie die eingangs gestellte Frage nach den Einflussfaktoren auf und referiert – ebenfalls unter Berufung auf anerkannte Studien – über die Wirkung des Fernsehens und des Internets auf die Berufswahl der Mädchen und jungen Frauen. Ferner wird die Rolle und Effektivität der mittlerweile zahlreichen MINT-Projekte sowie die Verantwortung traditioneller Berufsorientierungshilfen dargestellt und in einem Gesamtkontext diskutiert.

A. von Reden (✉)
Leibniz Universität Hannover
Hannover, Deutschland
E-Mail: armgard.vonreden@et-inf.uni-hannover.de

© Springer Fachmedien Wiesbaden 2015
S. Augustin-Dittmann, H. Gotzmann (Hrsg.), *MINT gewinnt Schülerinnen*,
DOI 10.1007/978-3-658-03110-7_3

53

1 Ausgangslage: Das Interesse von Schülerinnen und Studentinnen an MINT-Fächern

Es ist immer noch schlecht bestellt um die Anzahl der Studentinnen, die Ingenieurwissenschaften und MINT-Fächer studieren, wie den 2014 veröffentlichten
Zahlen des Statistischen Bundesamt zu den Studierenden des Wintersemesters
2013/2014 zu entnehmen ist. Der Anteil von Frauen in den Fächern Bauingenieurwesen, Maschinenbau/Verfahrenstechnik, Informatik und Elektrotechnik ist zwar
in dem Semester leicht gestiegen, liegt aber in allen Fächern weiterhin zwischen
28 % (Bauingenieurwesen) und 13 % (Elektrotechnik). Wenn wir nur den Anteil
der deutschen Studentinnen betrachten, sieht es noch trüber aus: Nur 22 % haben
im Wintersemester 2013/2014 begonnen, Ingenieurwissenschaften – inklusive
Bauingenieurwesen – zu studieren. Der Anteil der ausländischen Studienanfängerinnen lag im selben Semester bei knapp 30 % aller ausländischen Ingenieur-
studierenden (Statistisches Bundesamt 2014). Noch dramatischer ist es bei den
Bachelorabschlüssen von Studentinnen in den Ingenieurwissenschaften, die seit
der Jahrtausendwende konstant rückläufig sind (vgl. Hochschulrektorenkonferenz
Wintersemester 2013/2014, S. 71)

Woran liegt das geringe Interesse der deutschen Schülerinnen, in einem Inge-
nieurfach zu studieren und wann werden die Weichen für die Einstellung gegenüber technischen Gebieten gestellt?

Die Forschung zeigt für andere Länder wie etwa Schweden keine maßgeblichen
signifikanten Unterschiede im Interesse an Technik seitens der Mädchen und Jungen (vgl. Björkholm 2010). In Deutschland haben Jungen und Mädchen im Grundschulalter zwar offensichtlich nicht ganz genau das gleiche Interesse an der Technik per se, wohl aber das gleiche Interesse an den technischen Experimenten (vgl.
Groenwald 2012). Am Ende der ersten Sekundarstufe, in der 10. Klasse, hat sich
dieses Interesse jedoch weiter gender-differenziert. Nina Holstermann und Sabine
Bögeholz stellen in ihrer Untersuchung der Zehntklässler fest: „Während Jungen
sich stärker als Mädchen für Forschung, gefährliche Anwendungen der Naturwissenschaften sowie Physik und Technik interessieren, zeigen Mädchen besonderes
Interesse an Krankheiten, Körperfunktionen, Körperbewusstsein, Übersinnlichem
sowie Naturphänomenen (vgl. Holstermann und Bögeholz 2007, S. 71 ff.)."

Offensichtlich verlieren die deutschen Schülerinnen irgendwann in ihrer Schulzeit das Interesse an den MINT-Fächern und in der Folge an den MINT-Berufen.
Da es bisher trotz zahlreicher Initiativen nicht gelungen ist, den Anteil der Studentinnen und der Absolventinnen in den MINT-Fächern zu erhöhen, beschäftigt sich
die Genderforschung auch mit der Frage, an welchen Fächern junge Frauen heute
interessiert sind; was sind ihre Traumberufe, was sind die Gründe für die geringe
Attraktivität der MINT-Fächer, obwohl allgemein bekannt ist, dass aufgrund des

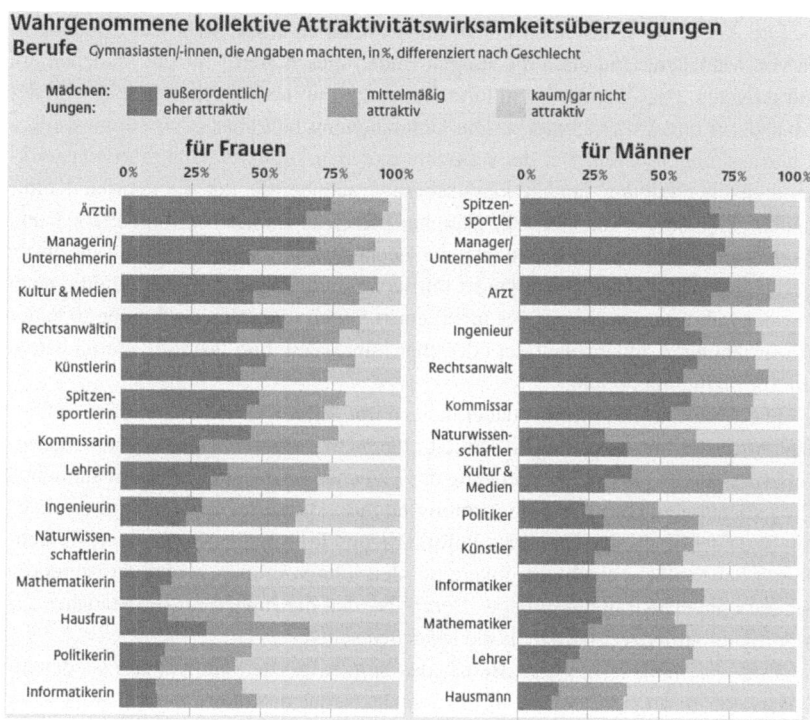

Abb. 1 Wahrgenommene kollektive Attraktivitätswirksamkeitsüberzeugungen; Berufe. (Esch und Grothe 2011, S. 25). (© Dr. Marion Esch, Stiftung für MINT-Entertainment-Education-Excellence, 2011)

Fachkräftemangels schon heute die MINT-Berufe gute Berufsaussichten versprechen? Woher beziehen die jungen Mädchen ihr Wissen über Berufe? Wie findet der Entscheidungsprozess der Berufswahl statt? Welchen Einfluss haben Role Models auf diese Entscheidungsfindung, wer wird überhaupt als Role Model akzeptiert?

2 Die Attraktivität von Berufen aus der Sicht von Abiturientinnen und Abiturienten

Marion Esch und Jennifer Grosche haben das in ihrem Beitrag „Fiktionale Fernsehprogramme im Berufsfindungsprozess – Ausgewählte Ergebnisse einer bundesweiten Befragung von Jugendlichen" untersucht (Esch und Grothe 2011). Sie haben Abiturientinnen nach den Berufen gefragt, die sie für besonders attraktiv für Frauen halten (vgl. Abb. 1).

Die Ärztin als Wunschberuf steht immer noch an erster Stelle der Traumberufe von Mädchen. Und auch die Jungen finden diesen Beruf für die Mädchen am attraktivsten. Die Ärztin wird in ihrer Beliebtheit immerhin schon gefolgt von der Managerin und Unternehmerin. Die Untersuchung hält aber noch einige weitere Überraschungen bereit: Bei der wahrgenommenen kollektiven Attraktivitätswirksamkeitsüberzeugung landen klassischere Frauenberufe der Kategorien Kultur und Medien sowie künstlerische Tätigkeitsbereiche immer noch auf Platz 3 und 5, aber auf Platz 4 und 6 haben sich die Rechtsanwältin und die Spitzensportlerin geschoben. Die Kommissarin landet mittlerweile mit Platz 7 im Mittelfeld – noch vor der Lehrerin. Den Beruf der Ingenieurin finden immerhin noch über 30 % der Abiturientinnen außerordentlich oder eher interessant, und fast drei Viertel halten ihn für mäßig interessant.

Die Abiturienten stimmen dabei nahezu mit ihren Klassenkameradinnen überein. Auch die – in ihrer Begrifflichkeit allgemein vorgeschlagene – Naturwissenschaftlerin landet in der Überzeugung der Mädchen und Jungen noch bei ähnlichen Prozentzahlen in Bezug auf die Attraktivität ihres Berufes. Düster dagegen sieht es am Ende der Skala aus: Hausfrau, Politikerin und Informatikerin (in dieser Reihenfolge) haben das schlechteste Image bei den jungen Frauen, wobei zu bemerken ist, dass die Hausfrau der einzige „Beruf" ist, den die Jungen für die Mädchen für signifikant attraktiver halten als die Mädchen selbst.

Dass die Abiturienten den „Beruf" des Spitzensportlers für Männer als den attraktivsten Beruf bezeichnen, soll hier nicht weiter diskutiert werden, wäre aber sicherlich eine gezieltere Untersuchung wert, besonders angesichts der Tatsache, dass eine Spitzensportlerkarriere in der Regel mit Mitte 30 beendet ist. Interessant ist dabei auch, dass die jungen Frauen den Beruf des Managers und Unternehmers sowie des Arztes für die Jungen wiederum interessanter einschätzen als den des Spitzensportlers.

3   Informationsquellen für die Berufswahl

Interessanterweise rangieren in den Attraktivitätswirksamkeitsüberzeugungen von Abiturientinnen solche Berufe an den oberen Stellen, die auch in Fernsehformaten – ganz besonders in Fernsehserien – einen höheren Stellen- und Präsenzwert haben. In verschiedenen Studien wurde der Zusammenhang von fiktiven Fernsehformaten und ihrem Einfluss auf die Attraktivität von Berufen untersucht. Am eindeutigsten konnte dieser Zusammenhang in den USA anhand der Fernsehsendung „CSI – Crime Scene Investigation" hergestellt werden. Diese Serie begann im Jahr 2000 und war nicht als Genderprojekt konzipiert. Die darin agierenden attraktiven bis schrägen Forensikerinnen, die wie Abby Scuio aufgrund ihres Gothic-Outfits einen hohen Wiedererkennungswert hatten, sollten die Einschaltquoten erhöhen. Die Nebeneffekte waren umso verblüffender, zeigten sie doch messbare Ergebnisse: Das Studium der Forensik erfuhr einen ungeahnten Zulauf von Frauen. In den letzten 12 Jahren ist der Anteil der Forensik-Studentinnen um 64 % gestiegen und liegt mittlerweile bei 75 % (vgl. Marrinan 2011). Dies zeigt, dass fiktive Fernsehformate durchaus als Rollenbilder akzeptiert werden und der Berufsorientierung dienen können.

Äquivalent für Deutschland haben von Keuneke et al. nachgewiesen, dass sich der „CSI-Effekt" auf den Anteil der Frauen in der deutschen Gerichtsmedizin ausgewirkt hat. Allerdings, so stellen sie fest, sind es weniger die handelnden Personen selbst, ihr „gothic" oder smartes Image, als vielmehr der Einblick in eine fachliche Welt, der den Mädchen durch die Serien vermittelt wird und von dem sie sonst wenig wüssten (vgl. Keuneke et al. 2010).

Neben dem Anstieg der Studentinnen in der Forensik gibt es in Deutschland weitere Beispiele für die positiven Auswirkungen von Vorbildern im Fernsehen: Seit den Achtzigerjahren wurden in den meisten Bundesländern Polizistinnen und Kommissarinnen im Staatsdienst eingestellt. Damit änderte sich auch die Rolle der Frauen in den Kriminalfilmen: Aus den Kaffee kochenden Sekretärinnen wurden Polizistinnen und Kommissarinnen. Im Ergebnis liegt der Anteil der Polizistinnen in Nordrhein-Westfalen, wo seit 1982 Polizistinnen eingestellt werden, heute bei 38 % und in Bayern, das als letztes Bundesland seit 1990 Frauen in den Polizeidienst aufnimmt, bei 25 %.[1]

Leider sind in den fiktiven Fernsehformaten, in Serien wie Spielfilmen, weitere attraktive Vorbilder aus den MINT-Berufen selten zu finden. Besonders der Beruf der Informatikerin leidet nicht nur unter dem vollständigen Fehlen von weiblichen Role Models. Er wird vermutlich auch deshalb an das Ende der Attraktivitätsskala gewählt, weil in den Fernsehformaten die männlichen Informatiker zumeist nur als dick bebrillte, völlig unattraktive „Nerds" erscheinen, die förmlich in ihren Computern zu leben und außer ihrer Fähigkeit, den Computer zu bedienen, keinerlei anziehende Eigenschaften aufzuweisen scheinen. Die Möglichkeit etwas über den Berufsalltag von Naturwissenschaftlerinnen, Ingenieurinnen und Informatikerinnen aus deutschen und internationalen Fernsehformaten zu lernen ist folglich – mit Ausnahme der Forensikerinnen – sehr begrenzt.

Wo informieren sich die jungen Frauen und Männer neben dem Fernsehen über Berufe und Berufsmöglichkeiten? Welche Quellen nutzen sie und welche Rolle

---

[1] Europäisches Netzwerk der Polizistinnen: www.ENP-Deutschland.de.

spielen dabei etablierte Institutionen wie die Berufsberatung, deren primäre Aufgabe die Unterstützung der jungen Menschen bei der Berufswahl ist?

Esch und Grosche haben das in der genannten empirischen Befragung erforscht und festgestellt, dass auch hier der konkrete Kontakt zu Berufstätigen und damit der realistische Einblick in die Berufswelt am meisten Aufmerksamkeit erregt hat. Bei den jungen Frauen steht an zweiter Stelle schon das Internet als Quelle für die Informationen in Bezug auf den Berufsalltag, während für die Jungen immer noch der Vater und sein Beruf als bevorzugte Informationsquelle dienen.

Jede fünfte junge Frau konsultiert auch die Berufsberatung als eine Informationsquelle hinsichtlich *des* Traumberufes. In Bezug auf die Berufswahl von Mädchen, die MINT-Berufe ergriffen haben, liegen wenige Erkenntnisse darüber vor, welche Rolle die Berufsberatung bei ihrer Studienfachwahl gespielt hat. Aufgrund von Befragungen von Erstsemesterstudentinnen kann vermutet werden, dass der Anteil der Informationen aus dem Elternhaus und von Bekannten hier ebenfalls höher und der Anteil der Berufsberatungen niedriger liegt. Angesichts der rasanten technischen Entwicklung besonders des Internets und der dadurch neu entstehenden Berufsfelder haben Arbeitsämter spezifische Kooperationen mit der Wirtschaft geschlossen, um gemeinsam die MINT- Berufe zu fördern, wie z. B. in Baden-Württemberg durch die Initiative Coaching4Future[2].

4 Aktivitäten von Unternehmen und Universitäten zur Förderung der Frauen in MINT-Berufen

Es gibt in Deutschland viele Initiativen, mit denen versucht wird, junge Frauen für technische Berufe zu interessieren; angefangen von der „Komm, mach MINT."-Initiative, dem nationalen Bündnis für Frauen in MINT-Berufen, und ihren über 1000 Projekten[3], über Landesaktivitäten wie das bereits erwähnte Coaching4future in Baden-Württemberg bis hin zu Initiativen von Unternehmen und Verbänden, die begonnen haben, Netzwerke und Portale aufzubauen, die Schülerinnen und Schülern helfen sollen, nicht nur einen besseren Einblick in die möglichen Berufe, sondern auch Informationen und Tipps zu Bewerbungen, Interviews etc. zu bekommen. Ein Beispiel dafür sind in Niedersachsen die MINT-Kooperationsnetzwerke der Metallarbeitgeber, die als Brückenschlag zwischen Schulen, Betrieben und weiterführenden Bildungseinrichtungen angelegt sind und dazu dienen, Berufsorientierung für den Nachwuchs zur gelebten Erfahrung werden zu lassen. Sie werden ausgerichtet

---

[2] www.coaching4future.de.

[3] www.komm-mach-mint.de.

von der Stiftung NiedersachsenMetall in 25 MINT-Kooperationsnetzwerken an rund 140 Schulen mit fast ebenso vielen Unternehmen und zahlreichen Hochschulen. „Eines der ersten MINT-Kooperationsnetzwerke ist Hannover-Nord. Seit 1999 wecken hier technische Wettbewerbe, Lehrerfortbildungen, Betriebserkundungen und Besuche von Praktikern bei Jugendlichen Lust auf Technik und unterstützen sie in der Berufsorientierung."[4]

Auch die sogenannten E-Weeks („Engineers-Weeks") – ein aus den USA adaptiertes Modell – in Rheinland-Pfalz und Hessen, bei denen Ingenieure in Schulen mit den Schülerinnen und Schülern an praktischen Beispielen ihr Berufsbild näher bringen, gehören zu diesen langjährigen Initiativen, die von den Schülerinnen und Schülern geschätzt werden.[5]

Derartige Initiativen vor Ort werden durch die Portale zur Berufsfindung unterstützt, weil besonders bei Schülerinnen das Internet als Informationsquelle bei der Berufswahl bereits an zweiter Stelle liegt, wie Esch und Grosche (s. o.) festgestellt haben, und Schülerinnen und Schüler hier über die ihnen geläufigen Kommunikationsmittel erreicht werden können. Die Zielsetzung dieser Portale ist es, Schülerinnen und Schülern eine Möglichkeit zu geben, auf der Basis ihrer individuellen Interessen einen Beruf zu ergreifen. Diese Neigungen können zum Teil auch online selbst herausgefunden werden, denn nicht für jede oder jeden ist das Studium der richtige Weg. Für manche bietet sich eher eine Ausbildung an. Das Portal der Metallarbeitgeber „Ich hab Power"[6] und das Portal der Medienfabrik „Blicksta"[7] sind zwei Beispiele für derartige innovative Online-Plattformen für Schülerinnen und Schüler aller Schulformen, die auch einer intensiven Beziehung zwischen den Schülerinnen und Schülern und den Arbeitgebern und Hochschulen dienen sollen.

Universitäten haben ebenfalls die Herausforderung der Erhöhung des Anteils an MINT-Studierenden generell und des Anteils von Frauen insbesondere aufgenommen. Viele Universitäten veranstalten Informationstage, praktische Kurse, „Techlabs" und Technika für Schülerinnen und Schüler aller Altersklassen. Zu diesen Initiativen zählen auch die langjährige Ada Lovelace's Urenkelinnen Initiative der Leibniz Universität Hannover[8] und das neue Niedersachsen-Technikum für Frauen, das seit einigen Jahren erfolgreich betrieben und ausgebaut wird[9].

---

[4] www.stiftung-niedersachsenmetall.de/mint-kooperationsnetzwerke.html. Zugegriffen: 12.06.2014.

[5] Vgl. www.fls-wiesbaden.de/cdb50027d38a.

[6] www.ichhabpower.de.

[7] https://blicksta.de.

[8] www.welfenlab.de/schulen/lovelace/start.

[9] www.niedersachsen-technikum.de.

An der Leibniz Universität hat die Fakultät für Elektrotechnik und Informatik begonnen, diese Veranstaltungen durch die Schülerinnen und Schüler bewerten zu lassen und die Bewertungen systematisch auch unter dem Genderaspekt auszuwerten. Dabei wurde offensichtlich, dass praktische Übungen, bei denen die Schülerinnen und Schüler z. B. ein Radio bauen konnten, das größte Interesse finden. Einen direkten Zusammenhang zwischen der Teilnahme an den insgesamt als sehr interessant und gut bewerteten Informationsveranstaltungen und Kursen und ihrer zukünftigen Berufswahl gaben jedoch die wenigsten an. Auch die den Erstsemesterstudierenden gestellte Frage, ob und welche Veranstaltungen der Universität für Schülerinnen und Schüler sie vor dem Studium besucht hätten, wird jetzt mit Blick auf die Geschlechter ausgewertet werden können, sodass mit der Zeit eine fundierte Kenntnis darüber vorliegen kann, ob und wie die Universitätsveranstaltungen angenommen werden.

5 Zusammenfassung

Es werden in Deutschland große Anstrengungen unternommen, um junge Frauen für technische Berufe zu interessieren. In einigen Bereichen, wie dem Bauingenieurwesen oder der Architektur, in denen Frauen mittlerweile rund 30 % der Studienanfänger ausmachen, ist das bereits gelungen. Andere Fachbereiche, wie die Elektrotechnik oder die Informatik, befinden sich seit Jahren auf dem gleichen niedrigen Niveau von 10 bis maximal 15 % Frauenanteil und das trotz aller Bemühungen, gerade in diesen Fächern den Anteil zu erhöhen. Leider rangiert besonders die Informatikerin immer noch am Ende der Liste der Berufe, die junge Frauen für attraktiv halten. Warum machen wir in Deutschland trotz all dieser Bemühungen keine Fortschritte in dieser Hinsicht? Die Studien, die untersuchen, was junge Mädchen wirklich in ihrer Berufswahl beeinflusst, haben uns in dem erkenntnisleitenden Interesse über die Gründe schon ein Stück nähergebracht. Wir wissen jetzt um die Bedeutung, die zum einen Fernsehformate mit interessanten weiblichen Vorbildern für Berufsfelder wie z. B. der Kommissarin haben können. Zum anderen erkennen wir, welch große Rolle Praxisbeispiele von Bekannten und Berufstätigen im Berufsfindungsprozess spielen.

Wir wissen häufig noch nicht, ob und welche Wirkung viele der guten MINT-Initiativen auf allen Ebenen haben: Beginnend mit der Berufsberatung wäre es interessant zu untersuchen, ob es in jedem Fall einen Bias in der Beratung in Bezug auf Gender und MINT-Berufe gibt. Neben der Studie von Esch und Grosche legt auch eine entsprechende Studie von H. Ostendorf aus dem Jahr 2005 dar, dass die Berufsberatung und Berufsbeschreibungen der Arbeitsämter einen Einfluss auf die Berufswahl junger Menschen haben. Allerdings wurde, wie Ostendorf zeigt, dieser Einfluss fatalerweise nicht genutzt, um Mädchen in für sie aussichtsreiche „Männerberufe" zu vermitteln. So entsprachen denn auch die Materialien zur Berufsorientierung stark den traditionellen Geschlechterstereotypen. Im Feld der Berufswahl fallen also Geschlechterstereotype und Berufsstereotype zusammen (vgl. Ostendorf 2005). Es wäre interessant – auch angesichts der Maßnahmen der Kooperation von Arbeitsämtern mit der Wirtschaft – zu sehen, ob dieser Genderbias immer noch besteht.

Und welche der zahlreichen Projekte, Initiativen und Methoden zur Steigerung des Anteils von MINT- Berufen haben wirklich zu Erfolgen, zu einem gesteigerten Anteil von Mädchen in den MINT-Fächern geführt und können somit als Best-Practice-Beispiele dienen?

Hier fehlt es oft noch an der wissenschaftlichen Begleitung und Auswertung von MINT-Projekten. So wäre es z. B. wünschenswert, eine standardisierte, universitätsübergreifende Auswertung von bundesweiten Informationsveranstaltungen, wie dem Zukunftstag, unter dem Genderaspekt durchzuführen. Auch die Frage, ob der Informatikunterricht in den Bundesländern, in denen er ein Pflichtfach ist oder zumindest an der Schule angeboten wird, einen Einfluss auf die Berufsentscheidung von jungen Frauen hat, wäre ein weiterer interessanter wissenschaftlicher Ansatz, um zu erforschen, ob dieser frühe Bezug zur Informatik positive Auswirkungen hat.

Junge Frauen haben heute durch die Technik, mit der sie bereits im Kindesalter umzugehen lernen – Smartphones und Computer sind nur die bekanntesten Medien –, einen ganz anderen Zugang zur Technik und zu Informationen über technische Berufe. Schulen, staatlichen Organisationen wie der Bundesagentur für Arbeit, Universitäten, Berufsbildungsorganisationen, Verbänden und Unternehmen sollte es gemeinsam gelingen, diese bessere Kenntnis in ein größeres Interesse an der Technik und in mehr Frauen in technischen Berufen umzusetzen und mithilfe weiterer wissenschaftlicher Studien die besten Methoden dafür zu entwickeln.

Literatur

Björkholm, E. 2010. Technology education in elementary school: Boys' and girls' interests and attitudes. *Nordina, Nordic Studies in Science Education* 6 (1).

Esch und Grothe im Band: Bundesministerium für Bildung und Forschung. Hrsg. 2011. *MINT und Chancengleichheit in fiktionalen Fernsehformaten.* S. 16 ff. Berlin.

Groenwald, E. 2012. Empirische Untersuchung der Interessen von Mädchen und Jungen im Grundschulalter zu Inhalten des naturwissenschaftlichen Sachunterrichts durch altersangemessene Fragebögen und qualitative Interviews. Oldenburg.

Hochschulrektorenkonferenz. Wintersemester 2013/2014. Statistische Daten zu Studienangeboten an Hochschulen in Deutschland.

Holstermann, N., und Susanne Bögeholz. 2007. Interesse von Jungen und Mädchen an naturwissenschaftlichen Themen am Ender der Sekundarstufe I. *Zeitschrift für Didaktik der Naturwissenschaften* 13:71–86.

Keuneke, S., H. Graß, und S. Ritz-Timme. 2010. „CSI-Effekt" in der deutschen Rechtsmedizin. *Rechtsmedizin* Okt. 20 (5): 400–406.

Marrinan, C. 2011. CSI: Crime Scene Investigation – Wissenschaft und Gender im fiktionalen Krimi-Format. In *BMBF: MINT und Chancengleichheit in fiktionalen Fernsehformaten*. S. 44. Berlin.

Ostendorf, H. 2005. *Steuerung des Geschlechterverhältnisses durch eine politische Institution. Die Mädchenpolitik der Berufsberatung*. Opladen: Budrich.

Statistisches Bundesamt. 2014. Fachserie 11, Reihe 4.1. Wiesbaden.

Dr. Armgard von Reden besetzte von 2012 bis 2013 die Gastprofessur für Gender und Diversity an der Leibniz Universität Hannover und hat 2014 den Lehrauftrag „Interkulturelles, internationales Diversity- und Datenschutzmanagement" inne. Bis Oktober 2011 war sie Direktorin bei der IBM, zuletzt Leiterin des Verbindungsbüros für Deutschland, Russland und die CIS-Staaten. In der Geschäftsleitung der IBM leitete sie den German Women's Leadership Council der IBM. Zu ihrem Bereich gehörten ferner die technische Unternehmensvertretung in Deutschland und Europa, die Verbands- und Universitätsbeziehungen und CSR. Von 2001 bis 2010 war sie gleichzeitig Chief Privacy Officer der IBM Europe, Middle East and Africa. Ihre Schwerpunkte sind Interkulturalität und Diversity Management. *Aktuelle Publikation im Bereich Gender und MINT-Fächer*: von Reden, A. (2011). Frauen im Konzernmanagement in der IT-Branche. In S. Ihsen S. (Hrsg.), *... und kein bisschen leise! Festschrift für Prof. Barbara Schwarze. TUM Gender- und Diversity-Studies* (Bd. 2., S. 144–1501). Berlin: Lit-Verlag.

MI[N]Teinander für mehr Studentinnen in technisch-naturwissenschaftlichen Studiengängen

Ines Eckardt

Kurzfassung

Der folgende Beitrag widmet sich den wesentlichen Bedingungen und Interventionsmöglichkeiten, die einen positiven Einfluss auf die Entscheidung von Mädchen für MINT ausüben können. Ein konkreter Einblick in die praktische Umsetzung dieser Erfolgsfaktoren wird anhand der Vorstellung der Schülerinnenangebote des Projektes „Frauen gestalten die Informationsgesellschaft" geboten. Zum einen thematisiert der Beitrag die gesellschaftlichen Rahmenbedingungen, die die Partizipation von Mädchen im MINT-Bereich erschweren und zum anderen werden die dem skizzierten Problem entgegenzuwirkenden Aspekte (Inhalt, Durchführung und Werbung) dargestellt. Die vorgestellten Ergebnisse der wissenschaftlichen Begleitung des Projektes und die Erfahrungen aus den Veranstaltungen machen deutlich, dass nicht nur die internen Faktoren der Veranstaltungen eine Rolle bei der Studien- und Berufswahl spielen, sondern auch die vielfältigen Umwelt- und Sozialisationseinflüsse, weshalb der Einbezug von Eltern, Lehrerinnen und Lehrern sowie weiterer Multiplikatorinnen und Multiplikatoren grundlegend für eine tiefgreifende Gleichstellungsarbeit im technisch-naturwissenschaftlichen Bereich ist.

I. Eckardt (✉)
Universität Paderborn, Paderborn, Deutschland
E-Mail: ein@date.upb.de

© Springer Fachmedien Wiesbaden 2015
S. Augustin-Dittmann, H. Gotzmann (Hrsg.), *MINT gewinnt Schülerinnen,*
DOI 10.1007/978-3-658-03110-7_4

1 Einleitung

Noch immer sind Frauen und Mädchen im MINT-Bereich und auf den oberen Führungsebenen seltener vertreten als ihre männlichen Pendants. Dieser vorherrschende Mangel an weiblichen Fachkräften stellt vor allem ein wirtschaftliches Problem dar. Vielfalt und Heterogenität – kurz gesagt *Diversity* – sind wichtige Kriterien, um zukünftig im globalen Wettbewerb anschlussfähig sein zu können. Norbert Bensel betont, wie wichtig der Einbezug von unterschiedlichen Perspektiven nicht nur in naturwissenschaftlich-technischen Berufen ist, da Arbeitsmethoden und -ergebnisse heterogener Gruppen erwiesenermaßen vielseitiger sind und alternative Sichtweisen eröffnen können (Peters und Bensel 2002). Daher ist die Förderung weiblicher MINT-Fachkräfte eine der großen Herausforderungen unserer Zeit.

In der Forschung existieren verschiedene Erklärungsansätze für die noch zu geringen Beteiligungsraten von Frauen im MINT-Bereich: Zum einen gelten die *individuellen* Faktoren (Motivation, Interesse, Selbstvertrauen etc.) als Weichensteller, um eine berufliche Laufbahn im MINT-Bereich zu verfolgen, zum anderen stellen *externe* Einflüsse (stereotype Einstellungen, Unterbezahlung von Frauen, Vereinbarung von Familie und Beruf etc.) ein wesentliches Entscheidungskriterium gegen einen Beruf im naturwissenschaftlich-technischen Bereich dar (Stoeger 2007, S. 266). Letzteres äußert sich vor allem in der in den vergangenen Jahren immer weiter ansteigenden Abwanderung (*Brain Drain*) begabter Frauen ins Ausland aufgrund finanzieller Chancengleichheit, besserer Möglichkeiten in der Kinderbetreuung etc. (Ebenda, S. 275). Um MINT-interessierten Schülerinnen diese auf den ersten Blick viril und misogyn wirkenden Studiengänge und Berufe näherzubringen, besteht die Aufgabe, nachhaltige und langfristige Studien- und Berufswahlangebote zu schaffen. Die Dekonstruktion vorurteilsbehafteter Images von MINT und umfassende Informationen zum Fachbereich *schülerinnengerecht* zu vermitteln, sind zudem zentrale Anliegen. Dabei geht es nicht allein darum, über allgemeine Informationen zu Studienablauf, Organisation, Voraussetzungen etc. zu referieren, sondern eben auch Lösungswege für die oben aufgeführten Genderproblematiken anzusprechen und den Mythos „MINT ist Männersache" zu entlarven. Ebenfalls wichtig ist, dass den Schülerinnen verschiedene Perspektiven eröffnet werden, um sich im Berufsfindungsprozess orientieren zu können. Allgemeine Veranstaltungen zur Berufswahlorientierung mit lediglich informierendem Charakter, die zwar alle Studienfächer abdecken, diese aber auch nur kurz skizzieren, sind hierbei nicht gemeint. Diese stehen nicht nur bei Schülerinnen, sondern auch bei Lehrerinnen und Lehrern zunehmend in der Kritik, da sie spezifische Zielgruppen außer Acht lassen und weniger auf die heterogenen Interessen von Schülerinnen eingehen. Das Credo lautet also, die Schülerinnen dort abzuholen, wo sie

stehen, weshalb der Flexibilisierung und Individualisierung von Berufswahlangeboten höchste Priorität zukommt.

Aber nicht nur die inhaltliche Aufbereitung bildet ein Element studien- und
berufswahlorientierter Projektarbeit. Eine gute Vorbereitung der jeweiligen Veranstaltung, die sich aus theoretischen aber vor allem auch praxisnahen Anteilen
zusammensetzt, legt das Fundament für ein konstruktives Schülerinnenangebot.
Durch Betriebsbesichtigungen, intensive Gespräche mit MINT-Studentinnen oder
-Absolventinnen lernen die Schülerinnen auf zwanglose Art das Arbeitsklima und
das soziale Umfeld kennen. Somit erhalten die Teilnehmerinnen einen umfassenden Einblick in die scheinbar so weit entfernt liegende und kaum greifbare Arbeitswelt, der durch schulische Berufswahlveranstaltungen nicht gewährleistet werden
kann. Die Ergebnisse der Studie „Wie ticken Jugendliche? 2012" verdeutlichen,
dass für Schülerinnen schulische Berufsorientierungsangebote eher im Hintergrund stehen und die „Informationen möglichst aus erster Hand kommen sollen"
(Calmbach et al. 2012, S. 68). Um die Qualität der jährlich durchgeführten Veranstaltungen stetig zu verbessern und dabei den Interessen der Teilnehmerinnen
unserer Angebote[1] entgegenzukommen, werden die Schülerinnen vor und nach
jeder Veranstaltung gebeten, einen von uns entwickelten Fragebogen zu beantworten. Dass die Veranstaltungen den individuellen Erwartungen entsprechen, bzw.
diese als hilfreich wahrgenommen werden, kann mittels der Evaluationsergebnisse
aber auch mithilfe langfristiger Erfahrungen, die während der Projektdurchführung
gesammelt werden, konstatiert werden.

Ein letzter, aber nicht unwichtiger Bestandteil der Projektarbeit ist die Kontaktaufnahme zu den Schülerinnen bzw. das Anwerben von Teilnehmerinnen. Ein
häufig genanntes Problem bildet die Überflutung von Schulen mit Infomaterialien
zu meist nur kurzfristigen und oberflächlichen Studien- und Berufswahlangeboten.
Aus dieser Unüberschaubarkeit folgt, dass der Werbung für das jeweilig aktuelle
Angebot der Universität Paderborn in den letzten Jahren höchste Priorität zuge-
kommen ist. Damit einhergehend sind (gendergerechte) Anrede, Bilder, Texte und
auch Design zu wichtigen Faktoren geworden, die die entsprechende Zielgruppe
auf die Veranstaltungen aufmerksam machen.

Ziel dieses Beitrags ist es, sowohl Anregungen und Hinweise als auch Kritikpunkte und Problemlagen in der Gewinnung von MINT-Studentinnen aufzuzeigen
und diese mit Beispielen und Erfahrungen der langjährigen Arbeit des Studien- und
Berufswahlprojektes „Frauen gestalten die Informationsgesellschaft" der Universität Paderborn zu ergänzen. Der Aufbau der Arbeit strukturiert sich nach den oben
aufgeführten drei Erfolgsfaktoren, die für eine gelungene Projektarbeit ausschlag-

---

[1] Das Projekt „FgI" ist seit 1999 in der Schülerinnenarbeit aktiv.

gebend sind: Inhalt (1), Durchführung (2) und Werbung (3). Hinter dieser zunächst getrennt stehenden Dreiteilung verbirgt sich indes ein Modell elastischer Reziprozität. Es handelt sich also weniger um ein starres Gebilde, sondern vielmehr um drei Faktoren, die sich wechselseitig beeinflussen.

2 Erfolgsfaktoren

2.1 Inhalt

Im ersten Abschnitt wird die inhaltliche Dimension des Studien- und Berufswahlangebotes im Mittelpunkt stehen. Wie bereits erwähnt gibt es erhebliche Diskrepanzen in der männlichen und weiblichen Berufsfindung. Ganz einfach gesprochen: Berufsorientierungsprozesse sind nicht geschlechtsneutral, wie die alltägliche Erfahrung zeigt. Aber nicht nur zwischen Mädchen und Jungen sind Unterschiede erkennbar, sondern auch zwischen „den" Mädchen. Die Lebensentwürfe dieser lediglich qua Geschlecht eingeteilten Gruppe haben sich stark ausdifferenziert, sodass die Aufbereitung eines adäquaten und umfassenden Studien- und Berufswahlkonzeptes für Schülerinnen erheblich erschwert wird. Ein einheitliches Studien- und Berufswahlangebot würde mit den realistischen Gegebenheiten, den unterschiedlichen Interessen, Perspektiven, Erwartungen und Lebensorientierungen der Schülerinnen kollidieren. Solche eher als oberflächlich geltenden „Schnüffel"-Angebote eignen sich bestenfalls für MINT-unerfahrene Schülerinnen, die einen ersten Einblick in naturwissenschaftlich-technische Studiengänge gewinnen wollen. Aber auch hier besteht die Gefahr, dass die Schülerinnen aufgrund zu abstrakter und theorielastiger Inhalte und zu hoch wirkender Anforderungen bereits das Interesse verlieren bzw. dieses a priori nicht geweckt wird. Auch Mechtild Oechsle pointiert in ihrem Beitrag „Abitur und was dann?" welche Rolle der Einbezug der Interessen und Lebenswelten der Schülerinnen einnimmt: „Statt unspezifische Veranstaltungen weiter auszuweiten, sollte versucht werden, Angebote zu entwickeln, die auf die spezifischen Beratungsbedürfnisse der verschiedenen Gruppen zugeschnitten sind. So könnte es für junge Frauen und Männer, die ‚auf der Suche nach innerer Gewissheit' sind, hilfreich sein, gezielt Hilfestellungen für die Exploration ihrer Neigungen, Interessen und Fähigkeiten zu erhalten" (Oechsle 2009, S. 127). Zudem ist es wichtig, die Inhalte und Themen nicht irgendwie zu streuen, sondern systematisch einzubinden, damit diese für die Schülerinnen anschlussfähig sind und an ihre Lebenswelt anknüpfen. Hierbei ist zu betonen, dass es nicht in erster Linie darum geht, die Aufbereitung der Studien- und Themeninhalte an genderspezifischen und stereotypen Praxisbeispielen zu orientieren. Zum

Beispiel kann ein auf den ersten Blick als frauenspezifisch geltender Workshop mit dem Titel „Herstellen von Nagellack" zwar motivierend und interessefördernd sein, ebenso kann ein solches geschlechtsorientiertes Themenkonzept abschreckend wirken, indem Frauen ausschließlich in einem geschlechtstypisierten Bereich verortet werden, in dem sich MINT-interessierte Schülerinnen zumeist nicht sehen. Zudem kann hier der Eindruck einer falschen, bzw. „rosa gefärbten Scheinwelt" suggeriert werden, die der Wirklichkeit eher weniger entspricht und lediglich zum Ziel hat, die Studentinnen-Quote im MINT-Bereich kurzfristig zu steigern (Jungkunz 2012, S. 112). Die Wahl eines genderneutralen Themas kann in dieser Hinsicht erfolgversprechender sein. Wichtiger ist, dass es sich um alltagsnahe und interessante Themen handelt. Folgende Workshops wurden zum Beispiel in den letzten Jahren während der Herbst- und Frühlings-Uni an der Universität Paderborn angeboten: „Programmieren von LEGO-Robotern" (Informatik), „Einkäufe analysieren, kürzeste Routen finden, Produktion planen, Entscheidungen treffen" (Wirtschaftsinformatik), „Chemie und Gesundheit" (Chemie), „Vom Bildschirm zum Produkt – Wir drucken in 3D!" (Maschinenbau), „Mathematik im Alltag" (Mathematik) etc. Obwohl es sich hier ausschließlich um MINT-Inhalte handelt, ist die thematische Bandbreite groß. Die an verschiedenen Tagen stattfindenden Workshops werden durch Probevorlesungen, Podiumsdiskussionen mit MINT-Studentinnen, Dozentinnen und Dozenten sowie führenden Angestellten aus dem MINT-Bereich, Betriebsbesichtigungen und Universitätsführungen ergänzt. Somit ergeben die Einzelaktivitäten ein tiefgreifendes und niederschwelliges Berufs- und Studienwahlangebot. Die Veranstaltungen erstrecken sich über fünf Tage und sind thematisch nach Fachbereichen gegliedert. Dadurch, dass die Angebote nicht verpflichtend sind, wird den Schülerinnen das Zusammenstellen eines individuellen und interessegeleiteten Veranstaltungsplans ermöglicht.

Die Teilnehmerinnen können somit nicht nur einen informativen Einblick in die von ihnen auserkorene Fachrichtung erhalten, sondern durch den persönlichen Kontakt zu MINT-Erfahrenen, der u. a. durch Podiumsdiskussionen, Studentinnenbetreuung (*Role Models*) etc. ermöglicht wird, eben auch noch unentdeckte Chancen in den vielfältigen Berufswegen, Qualifizierungsmaßnahmen, Verdienstmöglichkeiten etc. erkennen. Damit einhergehend wird ein zweites aber nicht unwichtigeres Problem deutlich, welches ein gendersensibles Studien- und Berufswahlangebot unverzichtbar macht. Oftmals ist das zu geringe Selbstvertrauen von Schülerinnen ein meist subtiler aber doch ausschlaggebender Grund, sich gegen den noch immer als unkonventionell geltenden Beruf im MINT-Bereich zu entscheiden. Nicht nur die Angst vor zukünftigen Schwierigkeiten in der Vereinbarung von Familie und Beruf oder vor Diskriminierungsvorwürfen, zum Beispiel als Quotenfrau diffamiert oder der weiblichen Identität als Frau beraubt zu werden, hindern Schülerinnen daran, einen beruflichen Werdegang im MINT-Bereich einzuschlagen. So konstatieren auch Gildemeister und Robert, „dass es Mädchen deshalb in Frauenberufe zieht, weil es Frauenberufe sind, und zwar unabhängig davon, ob sie hausarbeitsnah, sozial kommunikativ oder lukrativ sind" (Gildemeister und Robert 2008, S. 137 f.). Imageverbesserung und der Abbau von Vorurteilen gegenüber technischen Berufen werden vor allem durch den Kontakt zu weiblichen Vorbildern (*Role Models*) aus der MINT-Arbeitswelt während der Veranstaltungen gefördert, sodass die Mädchen ein realistisches Bild naturwissenschaftlich-technischer Berufe erhalten. Hierbei ist zu betonen, dass sie nicht nur als Beraterinnen und Botschafterinnen fungieren, sondern in gewisser Weise eine Repräsentationsfunktion für den Studiengang übernehmen. Umso souveräner, selbstsicherer, höflicher und umgänglicher die Studentinnen auftreten, desto eher wird den Teilnehmerinnen das Gefühl vermittelt, als Mädchen im männerdominierten Studiengang willkommen zu sein. Deshalb ist die Repräsentation einer frauenfreundlichen und heterogenen Fachkultur während des Studiums in demselben Maße unerlässlich. Aber nicht nur hier kann eine Steigerung des Selbstvertrauens bewirkt werden, sondern vor allem auch in den Workshops, in denen die Mädchen auf sich allein gestellt sind, aber dennoch in Teamarbeit nach Lösungswegen suchen müssen. Somit wenden die Mädchen nicht nur technische Herangehensweisen an, sondern üben Methoden des selbstständigen und sozialen Lernens. Insbesondere Verborgene Talente können hier entdeckt und Technik-Fähigkeiten erkannt werden.

Ziel ist es, die Teilnehmerinnen zu einer reflexiven Sichtweise auf die eigenen technischen Kompetenzen, sowie zur gesellschaftlichen Selbstverortung zu befähigen. Durch das Aufdecken blinder Flecken kann eine positive Bewusstseinsveränderung im Hinblick auf die Studien- und Berufswahl erreicht werden und eine Gewinnung und Förderung von Hochschulabsolventinnen im MINT-Bereich erfolgen.

Es handelt sich somit um ein komplexes Angebot, das sich aus informierenden, orientierenden, reflexiven und geschlechtersensiblen Elementen zusammensetzt. Wie so oft zeigen sich in der Praxis jedoch Unstimmigkeiten bei der Erteilung dieser Anforderungen, weshalb die Evaluation ein wichtiges Element bei der stetigen Verbesserung der Veranstaltungen bildet. Im folgenden Kapitel geht es um die organisatorische Dimension und die Beurteilung der Veranstaltungen aus der Perspektive der Teilnehmerinnen. In einem zweiten Schritt wird eruiert, inwieweit das MINT-Image vor und nach der jeweiligen Veranstaltung verändert werden konnte.

2.2 Durchführung

Im vorherigen Kapitel wurde bereits skizzenhaft auf den Aufbau und die Anforderungen von Studien- und Berufswahlaktivitäten eingegangen. Zur Verdeutlichung unseres Projektansatzes, der Förderung von Schülerinnen im MINT-Bereich, soll die Arbeit des Projektes „Frauen gestalten die Informationsgesellschaft" näher vorgestellt werden.[2] Jedes Jahr organisieren engagierte Mitarbeiterinnen und Mitarbeiter die Frühlings- und Herbst-Uni sowie den bundesweit stattfindenden Girls' Day, welcher sich an der Universität Paderborn seit dem Jahr 2012 auf Wunsch der Teilnehmerinnen lediglich auf die zukunftsträchtigen MINT-Ausbildungsberufe spezialisiert. In diesem Beitrag soll es aber vordergründig um die Durchführung der Frühlings- und Herbst-Uni gehen, die sich in ihrer Struktur weitestgehend ähneln.

Die Projektverantwortlichen arbeiten eng mit den Mitarbeiterinnen und Mitarbeitern aus den Wirtschaftswissenschaften, Naturwissenschaften, Maschinenbau sowie der Fakultät für Elektrotechnik, Informatik und Mathematik zusammen, welche während der Veranstaltungen u. a. als Dozierende, Beratende und Teilnehmende an Podiumsdiskussionen zur Verfügung stehen. Ebenso beteiligen sich uni-externe Akteurinnen und Akteure aus der MINT-Berufswelt an den Veranstaltungen. Unterstützt wird die Initiative von der Gleichstellungsbeauftragten der Universität Paderborn. Es zeigt sich also, dass das Projekt stark interdisziplinär ausgerichtet ist. Nicht nur der fächerübergreifende Austausch mit den Beschäftigten aus dem MINT-Bereich trägt zum Gelingen der Veranstaltungen bei, sondern auch die wissenschaftliche Weiterbildung und regelmäßige Teilnahme der Projektmitarbeiterinnen und -mitarbeiter an Tagungen.

Die Angebote des Projektes können unabhängig voneinander als Einzel- oder Folgeangebot wahrgenommen werden. Wünschenswert ist aus Projektperspektive jedoch die mehrmalige Teilnahme an den Veranstaltungen, um Schülerinnen die Möglichkeit zu geben, Meinungen und Einstellungen zu prüfen und somit mögliche Studienabbrüche oder -wechsel zu vermeiden. Hierbei ist zu betonen, dass eine standhafte und selbstständige Entscheidung für oder gegen MINT im Vordergrund steht und es nicht darum geht, den Schülerinnen einen solchen Studiengang „aufzuschwatzen". Durch die praktischen Erfahrungen innerhalb der Workshops, Führungen und Beratungen erhalten Schülerinnen einen detaillierten Einblick in die Fachinhalte und werden zu einer kompetenten Studienwahl befähigt. Zudem erfahren sie durch Universitätsführungen, Mensabesuche und Gespräche mit Studierenden etwas über den Studienalltag, was ebenfalls im Interesse der Teilnehme-

---

[2] Finanziert wird das Projekt aus Gleichstellungsmitteln der Universität Paderborn.

rinnen steht. Dass die Wahl des Veranstaltungsortes auf die Universität fiel, hatte also nicht nur praktische Gründe, sondern resultierte aus Wünschen der Teilnehmerinnen. Bestätigt werden kann diese Beobachtung durch die Hitliste der Berufswahlangebote aus dem Bericht „Abitur. Und was dann?", auf der „Besuch einer Universität" sehr weit vorne, gleichauf mit „Einladung von Berufsberaterinnen und -beratern" steht (Knauf 2009, S. 233). Eine schulische Kooperation würde also nicht nur mehr Aufwand bedeuten, sondern auch keinen erkennbaren Nutzen nach sich ziehen.

Die Veranstaltungen der Frühlings- und Herbst-Uni umfassen vier oder fünf Tage und dauern täglich etwa vier bis sechs Stunden. Generell richten sich die Veranstaltungen an Schülerinnen der Jahrgangsstufen 7 bis 13, wobei diese nach Altersgruppen unterteilt werden, um ein möglichst schülerinnenkonformes Angebot zu schaffen. Die Frühlings-Uni ist für Schülerinnen der Klassen 7 bis 10 konzipiert, wohingegen die Herbst-Uni auf Schülerinnen der Oberstufe spezialisiert ist. Thematisch sind die einzelnen Tage nach den bestimmten MINT-Fachrichtungen gegliedert, sodass die programmatischen Buchstaben Buchstaben ($M=$ Montag, $I=$ Dienstag, $N=$ Mittwoch, $T=$ Donnerstag) jeweils einem Veranstaltungstag zugeordnet werden. Der fünfte Tag rundet die Veranstaltung mit einer Podiumsdiskussion und einer Abschlussreflektion ab. So erhält die jeweilige Veranstaltung einen systematischen und kohärenten Rahmen, der für die Teilnehmerinnen übersichtlich und leicht durchschaubar ist. Die Teilnahme an allen Modulen bzw. Tagen ist nicht verpflichtend, sodass jede Teilnehmerin einen eigenen Veranstaltungsplan nach ihren individuellen Interessen erstellen kann.

Eine wichtige Voraussetzung für den Erfolg der Maßnahme und der schülerinnengerechten Vermittlung der sachlichen Inhalte bildet die sorgfältige Organisation der vielschichtigen Anforderungen der Veranstaltungen. Durch den Wechsel von impliziten und expliziten technisch-naturwissenschaftlichen Inhalten mit punktuellen Beratungsoptionen ergibt sich ein vielfältiges und anschlussfähiges Angebot. Dies äußert sich konzeptionell in der Unterscheidung von motivational-fertigkeitsbasierten Workshops und den psychosozialen Beratungsangeboten bezüglich der Studierfähigkeit. Erfreulicherweise zeigen die Ergebnisse der projektbegleitenden Evaluation, dass die hochwertige Qualität der Durchführung und Organisation von den Teilnehmerinnen geschätzt wird. Die systematische Integration von sachlich inhaltlichen Schwerpunkten in ein MINT-affines und dennoch spielerisches Rahmenprogramm hat sich als besonders tragfähig erwiesen.

Wie bereits erwähnt werden projektbegleitend Evaluationsstudien mit der Absicht durchgeführt, die Effektivität und Nachhaltigkeit der Veranstaltungen zu überprüfen. Somit werden zwei Perspektiven, die der Mitarbeiter und der Teilnehmerinnen, in den Blick genommen und verknüpfend eine Annäherung an eine objektive Sichtweise bewirkt. Zudem können die Veranstaltungen nach den Kritiken und Beurteilungen der Teilnehmerinnen konzipiert werden. Einige Ergebnisse der Projektevaluation sollen im Folgenden kurz vorgestellt werden.

Der Frauenanteil in den naturwissenschaftlich-technischen Fächern der Universität Paderborn hat sich bei den Erstsemestern in den letzten Jahren stetig verbessert. So waren im WS 07/08 lediglich 19 weibliche Studierende im Fach Physik eingeschrieben, im WS 10/11 bereits 91, womit sich der Studentinnen-Anteil fast verfünffacht hat. Im Gegensatz dazu hat sich der Anteil männlicher Studierender nur geringfügig, um gut 24 Prozentpunkte gesteigert (WS 2007/2008=45; WS 2010/2011=56). Darüber hinaus lässt sich innerhalb dieses Zeitraumes in allen naturwissenschaftlich-technischen Fächern ein prozentual höherer Anstieg bei den weiblichen als bei den männlichen Studierenzahlen verzeichnen.[3] Zwar lässt sich diese günstige Entwicklung nicht ausschließlich auf den Einfluss der Veranstaltungen zurückführen. Denn deren Wirksamkeit ist nur schwer zu überprüfen, da viele Faktoren für die Studierendenverteilung entscheidend sind (wie Arbeitsmarktprognosen, demografischer Wandel etc.). Einen Anhaltspunkt für den Erfolg der Projektaktivitäten liefern jedoch die Zahlen der 2012 veröffentlichten Verbleibstudie für die Veranstaltungen der Jahre 2006 bis 2011 (Eckardt et al. 2012). Von denjenigen, die auf die Fragebögen geantwortet haben und sich bereits in einem Studium befinden, wählten erstaunliche 56 % einen naturwissenschaftlich-technischen Studiengang. Aber nicht nur die Verbleibstudie, sondern auch die routinemäßig durchgeführten Befragungen vor und nach jeder Veranstaltung zeigen, dass es sich um ein hilfreiches und nützliches Studien- und Berufswahlangebot handelt. Die Teilnehmerinnen wurden zum Beispiel nach verschiedenen Kriterien befragt, wie zum Beispiel „Qualität", „Dein Infogewinn", „Interesse geweckt", und „Entscheidungshilfe", welche sie mittels einer Skala von 5 (sehr gut) bis 1 (sehr schlecht) bewerten sollten.

Abbildung 1 zeigt, dass alle Kriterien im überdurchschnittlich guten Bereich liegen, wobei „Verständlichkeit", „Inhalt" und „Praxisbezug" etwas hervorstechen. Auch aus dem persönlichen Austausch mit den Mädchen wurde deutlich, dass sich besonders die thematischen Inhalte der Workshops bewährt haben. Obwohl gerade die theoretischen und oftmals schwer nachvollziehbaren MINT-Themen Schülerinnen am meisten Probleme bereiten sollten, zeigt sich hier das Gegenteil.[4] Neben

---

[3] Weiblicher Studierendenanteil: Naturwissenschaften: WS 2007/2008=253, WS 2010/2011=365; Elektrotechnik: WS 2007/2008=6, WS 2010/2011=16; Informatik: WS 2007/2008=15, WS 2010/2011=28; Chemie: WS 2007/2008=33, WS 2010/2011=42; Maschinenbau: WS 2007/2008=59, WS 2010/2011=90; Mathematik: WS 2007/2008=209, WS 2010/2011=298.

[4] http://groups.uni-paderborn.de/women/downloads/Doku_FU_12.pdf.

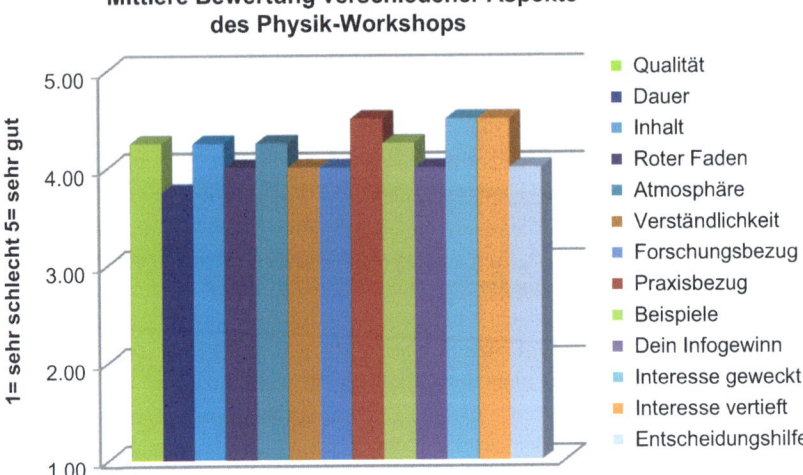

Abb. 1 Bewertung des Physik-Workshops aus Sicht der Teilnehmerinnen der Herbst-Uni 2012. (© Universität Paderborn)

der Workshop-Beurteilung fragten wir die Teilnehmerinnen auch etwas allgemeiner nach der Bewertung der Organisation der Veranstaltung. Die „Organisation der Schülerinnenangebote" wurde am höchsten bewertet mit durchschnittlich 4,29 Punkten, gefolgt von der „Qualität der Information" mit 4,14 Punkten und der „Online-Anmeldung" und „Qualität der Website" mit jeweils 4,00 Punkten. Es kann also festgehalten werden, dass das Feedback der Teilnehmerinnen durchaus positiv ausfällt. Dennoch darf nicht außer Acht gelassen werden, dass es an einigen Stellen hapert, wie beispielsweise der „Entscheidungshilfe" und „Dauer". An anderer Stelle fragten wir die Teilnehmerinnen zunächst im Pre- und dann im Post-Fragebogen nach den Images der Berufe und baten sie dann, diese nach folgenden Charaktereigenschaften mittels einer Skala von 1 (sehr gering) bis 7 (sehr stark) einzuschätzen:

- humorlos vs. humorvoll
- menschenscheu vs. kontaktfreudig
- ideenlos vs. kreativ
- langweilig vs. interessant
- männlich vs. weiblich
- unflexibel vs. spontan
- weltfremd vs. lebensnah

Überwiegend zeigt sich, dass sich sowohl die Besetzung der Charaktereigenschaft verbessert hat als auch eine Neutralisierung im Item „Geschlecht" bewirkt wurde. Beispielsweise stuften die Teilnehmerinnen der Herbst-Uni 2012 elektrotechnische Berufe im Pre-Fragebogen mit 2,57 Punkten noch eher männlich ein und im Post-Fragebogen fast neutral mit 3,00 Punkten.[5] Obwohl es sich hier um eine geringe Veränderung handelt, darf diese im Hinblick auf den kurzen Zeitraum als positiv gewertet werden. Aus diesen Ergebnissen kann gefolgert werden, dass diese mit dem Ziel des Projektes, Geschlechtsrollenstereotype abzubauen, konvergieren.

2.3 Werbung

Noch immer wird in weiten Teilen der Gesellschaft das Credo verbreitet, Technik und MINT sei „Jungenkram". Verstärkt wird diese Annahme u. a. durch fehlende weibliche MINT-Vorbilder in den Medien – insbesondere in der Werbung, die Frauen und Männer gänzlich auf Stereotypen reduziert. Eine Ursache für die noch immer zu geringen Einschreibungszahlen von Studentinnen im MINT-Bereich resultiert also auch aus mangelnden Identifikationsangeboten.

Der letzte, aber nicht weniger wichtige Erfolgsfaktor resultiert deshalb aus ansprechenden und überregionalen Werbemaßnahmen, um Teilnehmerinnen überhaupt erst zu gewinnen. Hierzu können verschiedene Werbemittel in Betracht gezogen werden, wie beispielsweise: Flyer, Zeitungsartikel, Plakate, Poster, Kugelschreiber, Facebook, Radio etc. Lokalzeitungen oder Radioberichte, die vermutlich seltener zu Jugendlichen durchdringen, können trotzdem von Nutzen sein. Durch sie werden etwa Eltern und Großeltern angesprochen, die Umfragen zufolge wichtige Einflussfaktoren in der Studien- und Berufswahl darstellen.[6] Neben der Familie gelten Lehrkräfte als wichtige Multiplikatorinnen und Multiplikatoren. Hierbei ist zu bedenken, dass die Schulen einer steigenden Überflutung von Werbematerialien zu Angeboten für Schülerinnen und Schüler ausgesetzt sind und somit oftmals qualitative und schülerinnenadäquate Veranstaltungen keine Beachtung finden. Deshalb ist die persönliche Kontaktaufnahme zu MINT-Lehrkräften unumgänglich, um Schülerinnen auf diesem Weg zu erreichen. Die Werbung der Angebote im Unterricht durch die Lehrkräfte bildet im Regelfall den ersten Schritt in der Berufsplanung von Mädchen. Dass Mädchen diesen Schritt wagen und auf die Lehrperson zugehen, ist aufgrund von mangelndem Vertrauen und Hemmungen, in persönlichen Lebensfragen um Hilfe zu bitten, eher selten.

---

[5] Ebd.

[6] Dies geht auch aus der Verbleibstudie des Projektes hervor: http://groups.uni-paderborn.de/women/downloads/VBS.pdf.

Um eine effektive Werbung zu betreiben, ist es aber nicht nur notwendig, möglichst verschiedene Werbemittel heranzuziehen, sondern auch auf topografischer Ebene ein großes Umfeld anzuschreiben. Das Projekt versorgt zum Beispiel vor jeder Herbst- und Frühlings-Uni ca. 200 Schulen des Landkreises Ostwestfalen-Lippe mit Flyern und Plakaten. Ergänzend stellen wir unser Konzept auf Bildungsmessen vor, arbeiten eng mit der Lokalpresse zusammen, sind im Internet präsent etc.

Weil die Verbreitung der Werbemittel eher von Konsistenz und Kontakten abhängig ist, kommt es bei der Gestaltung auf Kreativität, Modernität und Zielgruppenorientierung in Sprache und Bild an.

Sprache
- informell
- Reduktion der Informationen/Vermeidung von Redundanz
- gender- und altersgerechte Ansprache

Bilder
- emotional
- Identifikationsangebot (vielfältig und zielgruppengerecht)
- Design/farbliche Gestaltung/Logo/Eye-Catcher
- Modernität

Sprache und Bilder müssen sich gegenseitig ergänzen und sollten nicht inkohärent nebeneinander stehen. Der Text sollte lediglich die wichtigsten Informationen zu Veranstaltungsort, -zeit, -thema und Zielgruppe beinhalten, und deutlich machen, dass es sich ausschließlich um ein MINT-Angebot für Schüler*innen* handelt. Die Bilder hingegen stellen das empathische Pendant zum sachlichen Text dar. Sie symbolisieren die Erwartungen und Wünsche der potentiellen Teilnehmerinnen und enthalten Identifikationsbezüge, die unwillkürlich ein Verhältnis zu den Werbefiguren aufbauen. Durch die Kontaktaufnahme zu den auf den Werbeplakaten abgebildeten Figuren wird bei den Betrachterinnen die Motivation zur Anmeldung bewirkt.

Angesichts der heterogenen und multikulturellen Schülerschaft können die Abbildungen verschiedener Typen mit jedoch immanentem Verhaltensmustern (selbstbewusst, freundlich, klug, teamfähig etc.) dazu beitragen, einen weiten Personenkreis anzusprechen (siehe Abb. 2). Uni-Logo und Projektsymbol geben den Veranstaltungen einen Wiedererkennungswert, der insbesondere für ehemalige Teilnehmerinnen einen Blickfang darstellt.

Abb. 2 Werbeplakat der Herbst-Uni 2013. (© Universität Paderborn)

3 Fazit

Die Veranstaltungen leisten einen wichtigen Beitrag zur Frauenförderung im MINT-Bereich, was die Ergebnisse der Evaluation und die während der Veranstaltungen gesammelten Erfahrungen bestätigen. Frauenförderungsprojekte im MINT-Bereich können aber nur dann wirksam bleiben, wenn die drei oben beschrieben Erfolgsfaktoren beachtet werden und ineinandergreifen (siehe Abb. 3). Darüber hinaus müssen Multiplikatorinnen und Multiplikatoren wie Eltern, Lehr-

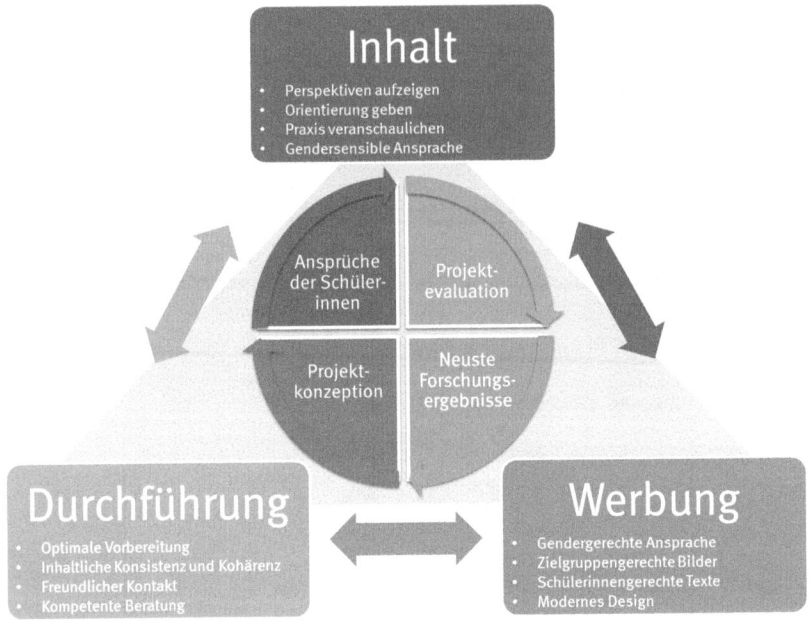

Abb. 3 Reziprokes Verhältnis der drei Erfolgsfaktoren für ein gelungenes Studien- und Berufswahlangebot (© Universität Paderborn)

kräfte, Großeltern, der unmittelbare Freundeskreis etc. ebenfalls angesprochen werden. Der Einbezug der Mädchen in den MINT-Bereich darf nicht bei einer Veranstaltung stehen bleiben, sondern muss sich auf die oben genannten Sozialisationsfaktoren ausweiten. Den ersten Schritt, um dieses Ziel zu erreichen, bildet eine schülerinnen- und elternadäquate Werbung. Eine solche punktuelle Maßnahme bewirkt jedoch noch nicht, dass die über lange Zeit erworbenen Einstellungen und Verhaltensmuster verändert werden. Eine effektive Förderung von Mädchen und Frauen im MINT-Bereich bedarf einer kontinuierlichen Kontaktaufnahme zu MINT-Fächern, was hauptsächlich durch Einwirkung auf das soziale Umfeld oder der mehrmaligen Teilnahme an MINT-Programmen erfolgt. Dies kann nur gewährleistet werden, wenn die Angebote auf die Interessen und Vorstellungen der Teilnehmerinnen ausgerichtet und weiterführend berufliche Chancen und Lebenswege aufgezeigt werden.

Literatur

Buch

Calmbach, M., P. M. Thomas, I. Borchard, und B. Flaig. 2012. *Wie ticken Jugendliche? Lebenswelten von Jugendlichen im Alter von 14 bis 17 Jahren in Deutschland.* Düsseldorf: Haus Altenberg.
Gildemeister, R., und G. Robert. 2008. *Geschlechterdifferenzierungen in lebenszeitlicher Perspektive. Interaktion- Institution- Biografie.* Wiesbaden: VS Verlag für Sozialwissenschaften.
Peters, S., und N. Bensel. 2002. *Frauen und Männer im Management. Diversity in Diskurs und Praxis.* Wiesbaden: Gabler.

Buchkapitel

Knauf, H. 2009. Schule und ihre Angebote zu Berufsorientierung und Lebensplanung – die Perspektive der Lehrer und der Schüler. In *Abitur und was dann? Berufsorientierung und Lebensplanung junger Frauen und Männer unter Einfluss von Schule und Eltern,* Hrsg. M. Oechsle, H. Knauf, C. Maschetzke, und E. Rosowski, 229–282. Wiesbaden: Für Sozialwissenschaften.
Oechsle, M. 2009. Abitur und was dann? Orientierungen und Handlungsstrategien im Übergang von der Schule in Ausbildung und Studium. In *Abitur und was dann? Berufsorientierung und Lebensplanung junger Frauen und Männer unter Einfluss von Schule und Eltern,* Hrsg. M. Oechsle, H. Knauf, C. Maschetzke, und E. Rosowski, 55–125. Wiesbaden: Für Sozialwissenschaften.
Stoeger, H. 2007. Berufskarrieren begabter Frauen. In *Begabtsein in Deutschland,* Hrsg. K. Heller und A. Ziegler, 265–293. Berlin: LIT.

Dissertation

Jungkunz, B. 2012. Zum Ingenieur geboren? Einflüsse auf die Berufswahl von Ingenieurinnen und Naturwissenschaftlerinnen. Dissertation, Julius-Maximilians-Universität Würzburg.

Online-Dokument (ohne DOI)

Eckardt, I., J. Hillebrandt, und A. Demir. 2012. Verbleibstudie unter den Teilnehmerinnen an Studien- und Berufswahlangeboten des Projektes, Frauen gestalten die Informationsgesellschaft' der Jahre 2006–2010. http://groups.uni-paderborn.de/women/downloads/VBS.pdf.

Ines Eckardt studierte Sozialwissenschaften im Diplomstudiengang an der Technischen Universität Chemnitz. Im Anschluss an das Studium arbeitete sie als Projektkoordinatorin im gendersensiblen Projekt „Sommerakademie Informatik: IT is your turn girls!" an der dortigen Fakultät für Informatik. 2011 übernahm sie die Projektkoordination „Frauen gestalten die Informationsgesellschaft" an der Universität Paderborn mit der Kernaufgabe der Durchführung gendersensibler Studien- und Berufsorientierungsangebote. Als aktives Mitglied im NRW-Netzwerk Frauenforschung beteiligt sich Eckardt mit ihren Forschungsergebnissen zu Studien- und Berufsorientierungsangeboten an der Diskussion zum Gender Mainstreaming. Darüber hinaus verfolgt sie als Mitglied in den DGS-Sektionen Wissenssoziologie und Arbeits- und Industriesoziologie die Entwicklungen auf den Gebieten Visual und Cultural Studies, Technologieentwicklung und Vermarktlichung von Arbeitskraft. *Aktuelle Publikation im Bereich Gender und MINT-Fächer:* Eckardt, I., Hillebrandt, J., & Demir, A. (2012). *Verbleibstudie unter den Teilnehmerinnen an Studien- und Berufswahlangeboten des Projektes ,Frauen gestalten die Informationsgesellschaft' der Jahre 2006-2010.* http://groups. uni-paderborn.de/women/downloads/VBS.pdf

MINT-Image und Studien- und Berufswahlverhalten von jungen Frauen und Mädchen

Eva Viehoff

Kurzfassung

Mathematik, Informatik, Naturwissenschaft und Technik (MINT) bieten vielfältige interessante und zukunftssichere Berufsperspektiven. Allerdings gehören diese Fächer (mit Ausnahmen, wie z. B. der Biologie) nicht zu den Fächern, denen Mädchen und junge Frauen in ihrer Berufs- und Studienwahl besondere Beachtung schenken. Dies ist umso bemerkenswerter, als schon länger bekannt ist, dass Mädchen und junge Frauen von ihren schulischen Leistungen her sehr wohl das Potential aufweisen, die Herausforderungen dieser Fächer zu meistern.

Woran liegt es also, dass Mädchen und junge Frauen sich diesen zukunftsträchtigen Berufsfeldern nur sehr langsam öffnen?

Der vorliegende Beitrag beleuchtet die aktuelle Situation in MINT und wirft zunächst einen Blick auf stereotype Darstellungen und ihre Vermeidung zur konkreten Zielgruppenansprache. Anschließend wird der Nationale Pakt für Frauen in MINT-Berufen, „Komm, mach MINT." mitsamt seiner vielfältigen Aktivitäten zur Imageveränderung vorgestellt. Die Präsentation von Good-Practice-Beispielen eines modernen MINT-Images nimmt dazu breiten Raum ein. So werden z. B. Biografien und Artikel aus den „Komm, mach MINT."-

E. Viehoff (✉)
Kompetenzzentrum Technik-Diversity-Chancengleichheit e.V.
Bielefeld, Deutschland
E-Mail: viehoff@komm-mach-mint.de

© Springer Fachmedien Wiesbaden 2015
S. Augustin-Dittmann, H. Gotzmann (Hrsg.), *MINT gewinnt Schülerinnen*,
DOI 10.1007/978-3-658-03110-7_5

Broschüren vorgestellt und die Bedeutung von Rollenvorbildern aufgezeigt. Den Abschluss bildet eine Erfolgsübersicht; denn die neuesten statistischen Daten zeigen, dass die bisher initiierten Maßnahmen Wirkung zeigen und sich das MINT-Image wandelt.

1   Einleitung und Ausgangslage

MINT-Berufe haben eine starke Zukunft. Ein Studium oder eine Ausbildung in Mathematik, Informatik, Naturwissenschaften und Technik eröffnet große berufliche Chancen. In den kommenden Jahren wird aufgrund der demografischen Entwicklung ein Fachkräftemangel prognostiziert. Es wird erwartet, dass sich der Bedarf an MINT-Fachkräften schon allein aufgrund dieses altersbedingten Ausscheidens erhöht. Das Institut der deutschen Wissenschaft (IW) Köln geht bis 2015 von einem Ersatzbedarf von 46.400 und zwischen 2016 und 2020 jährlich von einem Bedarf von 53.500 MINT-Akademikerinnen und -Akademikern aus (IW Köln 2013). Die Lücke dürfte jedoch größer ausfallen, da technische Entwicklungen rasant voranschreiten und zusätzlich technische Lösungen in unserem alltäglichen Leben immer mehr an Bedeutung gewinnen. Viele heutige und zukünftige Herausforderungen werden nur mit Hilfe von Technik zu meistern sein. Dies bedeutet für Innovationen und Technik, dass diese sich den diversen Bedürfnissen von Nutzerinnen und Nutzern anpassen müssen. Es ist daher notwendig, viele gesellschaftliche Gruppen in diesen Prozess zu integrieren. Das gilt im besonderem Maße für Frauen.

Vor diesem Hintergrund können und wollen Wirtschaft und Wissenschaft auf das Potenzial der Frauen nicht mehr verzichten. Besonders die junge Frauengeneration bringt gute Voraussetzungen für die MINT-Berufe mit und ist so gut ausgebildet wie nie zuvor.

Das Studien- und Berufswahlverhalten junger Menschen zeigt jedoch immer noch eine deutliche Trennung nach Geschlecht. Dies zeigt auch eine vom Bundesinstitut für Berufsbildung (BIBB) im Jahr 2011 durchgeführte Erhebung. Dort findet sich unter den zehn beliebtesten Ausbildungsberufen junger Frauen kein einziger MINT-Beruf, wohingegen bei den Männern der Beruf Elektroniker schon auf Platz vier angesiedelt ist. Bei den Studienfächern ergibt sich ein ähnliches Bild. Laut CHE-Hochschulranking gehören MINT-Studiengänge mit Ausnahme von Biologie und Medizin (inkl. Tiermedizin) ebenfalls nicht zu den beliebtesten zehn Studienfächern junger Frauen. So entschieden sich 2011/2012 nur 15 % aller Studienanfängerinnen für ein Studium im Bereich der Mathematik und Naturwissenschaften. In den Ingenieurwissenschaften waren es sogar nur neun Prozent.

Eine 2012 veröffentlichte Studie des Instituts zur Qualitätsentwicklung im Bildungswesen zeigt, dass Mädchen in den naturwissenschaftlich-technischen Fächern in ihren schulischen Leistungen nicht nur aufgeholt haben, sondern dass sie in den naturwissenschaftlichen Fächern im Mittel bessere Ergebnisse aufweisen als Jungen (Pant et al. 2013).

Trotz nachgewiesener Leistungsfähigkeit und einem insgesamt hohen Qualifikationspotential münden immer noch zu wenige junge Frauen in MINT-Berufe und -Studiengänge.

Die Gründe für diese immer noch zu geringe Partizipation von jungen Frauen in MINT sind vielschichtig. Ein Grund sind sicherlich nach wie vor innerhab der Sozialisation bestehende stereotype Zuschreibungen. Diese beeinflussen nicht nur die Leistungsbewertung durch Lehrkräfte und die Potentialzuschreibung der Eltern. Sie beeinflußen auch direkt die Selbsteinschätzung und -wahrnehmung von Mädchen und jungen Frauen in MINT.

Ein weiterer Grund liegt in der Tatsache, dass die Art der Technikkommunikation einen deutlichen Einfluß auf die MINT-Attraktivität nicht nur bei Mädchen und jungen Frauen hat. Diese sind zwar breit interessiert. Eine Kommunikation von Technik um der Technik willen wird jedoch meist als nicht motivierend empfunden. Bei der Vermittlung von Technik ist der Kontextbezug für die Ansprache von Mädchen essentiell. Für ein positives MINT-Image ist es daher wichtig, Technik im Kontext von Zukunftssicherung, Problemlösung und Nutzungsorientierung darzustellen.

Insgesamt tragen das bestehende MINT-Image und fehlende Vorbilder zur geringen Attraktivität der MINT-Berufe bei.

Diese Erkenntnisse und die schon initiierten Aktivitäten für ein realistisches MINT-Image greift der Nationale Pakt für Frauen in MINT-Berufen – „Komm, mach MINT." auf, um der Öffentlichkeit und der Zielgruppe der jungen Frauen ein realistisches Bild der MINT-Berufe und -Studiengänge zu präsentieren.

„Komm, mach MINT." wurde im Juni 2008 vom Bundesministerium für Bildung und Forschung im Rahmen der Qualifizierungsinitiative „Aufstieg durch Bildung" der Bundesregierung mit dem Ziel ins Leben gerufen, mehr Frauen für duale und akademische Berufe in den Bereichen Mathematik, Informatik, Naturwissenschaften und Technik (MINT) zu gewinnen. Mit mehr als 165 Partnern (Stand November 2013) aus Wirtschaft, Wissenschaft, Medien, Verbänden und Politik stellt das „Komm, mach MINT."-Netzwerk die in der Bundesrepublik Deutschland vorhandenen Aktivitäten in die Breite und trägt zur Initiierung neuer Ideen und Konzepte bei.

2   Die Aktivitäten von „Komm, mach MINT."

Der MINT-Pakt hat seit 2008 eine breite Palette von Aktivitäten entwickelt, die mit dazu beitragen, das MINT-Image zu verändern.

Dabei stehen die Partner des Netzwerkes besonders im Vordergrund. Die mehr als 165 Partner stehen mit ihrem Commitment zu „Komm, mach MINT." für ein modernes MINT-Image. Das Netzwerk ist breit gefächert und umfasst folgende Segmente:

- Arbeitgeber- und Arbeitnehmerverbände (z. B. BDA, ver.di)
- Bundesländer (z. B. Freistaat Bayern, Saarland, Niedersachsen)
  Forschungsorganisationen und Forschungsverbünde (z. B. Helmholtz Gemein-schaft Deutscher Forschungszentren e. V., Fraunhofer Gesellschaft zur Förde-rung der angewandten Forschung e. V.)
- Körperschaften und Anstalten des öffentlichen Rechts (z. B. Bundesagentur für Arbeit, Bundesinstitut für Berufliche Bildung)
- Medien (z. B. ARD, ZDF, EMOTION)
- Unternehmen und Stiftungen (wie z. B. Daimler AG, Deutsche Bahn, Robert Bosch GmbH und Robert Bosch Stiftung)
- Vereine und Verbände (z. B. VDI, VDE, Deutscher Frauenrat)
- Wissenschaftseinrichtungen, Hochschulen und Hochschulverbände (z. B. Hoch-schulrektorenkonferenz, German Universities of Applied Sciences – UAS 7, Niedersächsische Technische Hochschule – NTH)

Das Netzwerk wirkt durch die Vielfalt seiner Partner in viele gesellschaftliche Be-reiche und unterstützt so eine Veränderung des MINT-Images in der Breite.

Daneben unterstützt die „Komm, mach MINT."-Geschäftsstelle die Partner und viele Interessierte in ihrer Kommunikation. Dazu wurden innovative Materialien und Veranstaltungsformate entwickelt, die den Partnern und anderen Interessierten zur Verfügung gestellt werden.

2.1   Die Broschüren

Im Rahmen der Initiative „Komm, mach MINT." sind in den letzten vier Jahren verschiedene Broschüren enstanden, die die spannende MINT-Welt beleuchten. Neben Tipps und Informationen zu Berufs- und Studienwahl in MINT stellen sich MINT-Frauen in ihren Berufs- und Studienwelten vor.

Wie in Abbildung 1 zu sehen sind bisher Broschüren zu den Themen Energie (Sonderausgabe zum Jahr der Energie), Mathematik, Naturwissenschaft und Infor-

Abb. 1 Bisher erscheinende Broschüren der Initiative „Komm, mach MINT." für mehr Frauen in MINT-Berufen (zu bestellen bei www.komm-mach-mint.de). (© Kompetenzzentrum Technik – Diversity – Chancengleichheit e. V., Bielefeld)

matik erschienen. Eine entsprechende Broschüre zum Thema Technik ist im Jahr 2014 erschienen.

Gerade Mädchen und junge Frauen in der Berufs- und Studienorientierung finden vielfältige Informationen zu den jeweiligen MINT-Bereichen. So werden z. B. auch historische Vorbilder präsentiert, wie Ada Lovelace, die eines der ersten Computerprogramme schrieb, oder Marie Curie, die sich in der Chemie einen Namen machte. Der Hauptfokus der Broschüren liegt aber in der Präsentation aktueller weiblicher Rollenvorbilder.

In der Naturwissenschaften-Broschüre stellt sich beispielsweise Frau Anke Domaske vor, wie in Abbildung 2 zu sehen ist.

Die Broschüren legen großen Wert darauf, die Vielfalt der einzelnen MINT-Bereiche vorzustellen und diese auch immer in einen Bezug mit der Lebenswirklich-

Abb. 2 Anke Domaske, Mikrobiologin, Modedesignerin und Erfinderin, S. 13 der Brochüre Natur.Wissenschaften. (© Kompetenzzentrum Technik – Diversity – Chancengleichheit e. V., Bielefeld 2012)

keit der Zielgruppe zu stellen. Zusätzlich gibt es weitergehende Informationen, die über das Internet abgerufen werden können.

Auch die 2013 erschienene Brochüre zur Informatik stellt die Einbindung von Informatik in den Lebensalltag in den Fokus und zeigt dadurch das breite Spektrum informationstechnischer Studiengänge und Berufe auf.

Abb. 3 Die Seiten 16 und 17 aus der Broschüre INFOR.MATIK – Facettenreiche Berufe in der Informatik. (© Kompetenzzentrum Technik – Diversity – Chancengleichheit e. V., Bielefeld 2013)

Die Vielfalt der Informatik wird beispielsweise durch die Vorstellung von Melanie Stilz aufgezeigt, die neben einem Informatikstudium auch Europäische Ethnologie studierte und heute in der Entwicklungshilfe arbeitet. Stilz unterstützt den Einsatz von Informationstechnologien in strukturschwachen Regionen und repräsentiert dabei eindrucksvoll das breite Einsatzfeld von Informatik. Ihr Beispiel ist in Abbildung 3 dargestellt.

Mit der Technik-Broschüre, die zu Beginn des Jahres 2014 erschien, rundet „Komm, mach MINT." die Informationsreihe zu MINT-Berufen ab und präsentiert auf anschauliche Art und Weise Karrierewege von Frauen in MINT.

2.2   Die Veranstaltungsformate

Für die Umsetzung des Ziels, mehr Mädchen und junge Frauen für MINT-Be-
rufs- und Studienfelder zu begeistern, eignen sich auch innovative Veranstaltungsformate, wie sie die „Komm, mach MINT."-Geschäftsstelle in der Vergangenheit
kontinuierlich entwickelt hat. Eines dieser Formate ist der Women-MINT-Slam.

2.2.1   Women-MINT-Slam

Beim Women-MINT-Slam handelt es sich wie beim Poetry- und Science-Slam um
einen Wettbewerb im Vortragen. Frauen aus der MINT-Welt stellen sich diesem
Wettbewerb und präsentieren auf unterhaltsame Art und Weise ihre Berufs- und
Lebenswelt, ihren Werdegang oder ihren Karriereweg. Das Format kann an unterschiedliche Zielgruppen angepasst werden.

Den ersten MINT-Slam veranstaltete die „Komm, mach MINT."-Geschäftsstel-
le im Rahmen der informatica feminale 2010[1] an der Universität Bremen mit dem
Fokus auf die Zielgruppe der Studentinnen. In der Folge wurde das Format als
„Führungsfrauen-Slam" im Rahmen der „Komm, mach MINT."-Fachtagung 2011
durchgeführt und ebenso auf der women@work in Bonn 2012 und 2013.

Im Jahr 2013 wurde der Slam zum ersten Mal erfolgreich interessierten Mädchen und jungen Frauen auf der IdeenExpo 2013[2] in Hannover präsentiert.

Die durchgeführten Veranstaltungen waren insgesamt sehr erfolgreich. Aus den
gesammelten Erfahrungen erstellte die „Komm, mach MINT."-Geschäftsstelle
eine Toolbox, die sie Interessierten über die Webseite www.komm-mach-mint.de
zur Verfügung stellt. Diese Toolbox enthält Anleitungen zur eigenständigen Durchführung eines Slams.

2.2.2   Messebeteiligungen

„Komm, mach MINT." ist jährlich auf nahezu 100 Veranstaltungen und Berufsori-
entierungsmessen vertreten und stellt dort gemeinsam mit Partnern die vielfältigen
MINT-Karrierewege dar. Ebenfalls beteiligt sich „Komm, mach MINT." jährlich
an der TectoYou, der Jugendmesse auf der Hannover Messe Industrie und an Be-
rufsorientierungsmessen wie der „Einstieg". Darüber hinaus war „Komm, mach
MINT." beispielsweise auch auf dem IdeenPark 2012 des Paktpartners Thyssen-
Krupp und der BAUMA 2013 vertreten.

---

[1] *Video zum 1. Women-MINT-Slam:*http://www.youtube.com/watch?v=xNkGQO3EiOE,
Letzter Zugriff: 6.2.2014.
[2] *Video zum Slam auf der IdeenExpo 2013 in Hannover:*http://www.youtube.com/
watch?v=7xjW9oBHm90, *Letzter Zugriff: 6.2.2014.*

An den Messeständen können die Mädchen sich nicht nur über MINT informieren, sondern in der Regel auch kleine Experimente durchführen. Auch hier zeigt sich, dass die richtige Ansprache und der Kontextbezug für die Zielgruppe wichtig sind, um sich mit MINT auseinanderzusetzen. MINT mit allen Sinnen zu erfahren, bietet einen neuen Zugang. Die „Komm, mach MINT."-Experimente bieten auf unterhaltsame Weise die Möglichkeit die unterschiedlichen Facetten von MINT kennenzulernen. Sei es mit

- dem SOMA-Würfel, der zeigt, wie geometrische Fragestellungen auf vielen Wegen gelöst werden können oder
- dem Theremin, welches Musik macht, ohne Saiten oder Klaviatur, sondern dafür Radiowellen nutzt oder
- der Klangschale, die Luft zum Singen und das Wasser zum Springen bringt oder
- dem rudimentären Elektromotor, der eine Schraube tatsächlich in Bewegung versetzt.

Bei allen Experimenten lässt sich erkennen, dass die Mädchen sichtlich Spaß haben, vor allem daran herauszubekommen welche Phänomene dahinter stecken.

3 Die Maßnahmen zeigen Erfolg

Die Maßnahmen der Geschäftsstelle und die vielfältigen Aktivitäten der vielen Partner zeigen Erfolg. Sie führen in den letzten Jahren zu deutlich schneller ansteigenden Studienanfängerinnenzahlen. Mit Blick auf die absoluten Zahlen zeigt sich ein überdurchschnittlicher Anstieg der MINT-Studienanfängerinnenzahlen. Allein in den vier Jahren von 2008 bis 2012 ist die Zahl der Studienanfängerinnen in den MINT-Fächern fast anderthalbmal so stark gestiegen wie in den 13 Jahren zuvor seit dem Tiefpunkt 1995.

3.1 Fächergruppe Ingenieurwissenschaften

In der Bundesrepublik Deutschland begannen im Studienjahr 2012 insgesamt 770.105 Studierende im 1. Fachsemester ein Studium und damit 1,7 % (+ 12.700) mehr als im Jahr zuvor. Davon entfielen auf die Ingenieurwissenschaften 154.966 neue Studierende. Im Vergleich zu 1995 hat damit die Anzahl der Studienanfängerinnen und Studienanfänger in dieser Fächergruppe um 155 % (+ 94.139) zugenommen, im Vergleich zum Vorjahr 2011 ist sie jedoch um 0,9 % (− 1.351) gesunken.

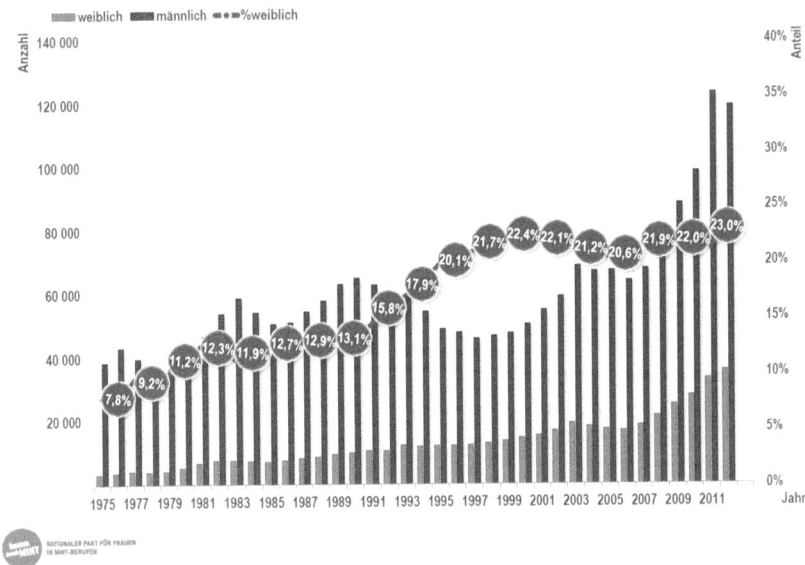

Abb. 4 Fächergruppe Ingenieurwissenschaften, Studienjahre 1975–2012, Studienanfängerinnen und Studienanfänger im 1. Fachsemester. (© Kompetenzzentrum Technik – Diversity – Chancengleichheit e. V., Bielefeld 2013)

Im Studienjahr 2012 entschlossen sich 35.716 Studienanfängerinnen für ein Studium in der Fächergruppe Ingenieurwissenschaften. Das sind 2.538 mehr als 2011 (33.178) und bedeutet einen Anstieg um 7,6 %. Der Anteil der Studienanfängerinnen erhöhte sich zwischen 2011 und 2012 von 21,2 % auf 23,0 %. Somit nahmen im Jahr 2012, sowohl bezogen auf die Anzahl als auch auf den Anteil, so viele Frauen wie nie zuvor ein Studium der Ingenieurwissenschaften auf.

Der aufgezeigte positive Trend zeigt sich in fast allen Fächergruppen. In den Ingenieurwissenschaften weisen Maschinenbau/Verfahrenstechnik und besonders die Elektrotechnik eine deutlich positive Entwicklung auf.

So haben, wie die Abbildung 4 zeigt, im Studienjahr 2012 10,7 % mehr Frauen als noch 2011 ein Studium im Bereich Maschinenbau/Verfahrenstechnik begonnen. Der Frauenanteil stieg damit um 2,1 Prozentpunkte auf 20,1 %. Die Zahl der Studienanfängerinnen im 1. Fachsemester hat sich seit 1995 mehr als vervierfacht (1995: 2.544; 2012: 11.799).

In der Elektrotechnik haben im Studienjahr 2012 12,5 % mehr Frauen ein Studium im 1. Fachsemester aufgenommen. Der Frauenanteil stieg damit um 1,5 Pro-

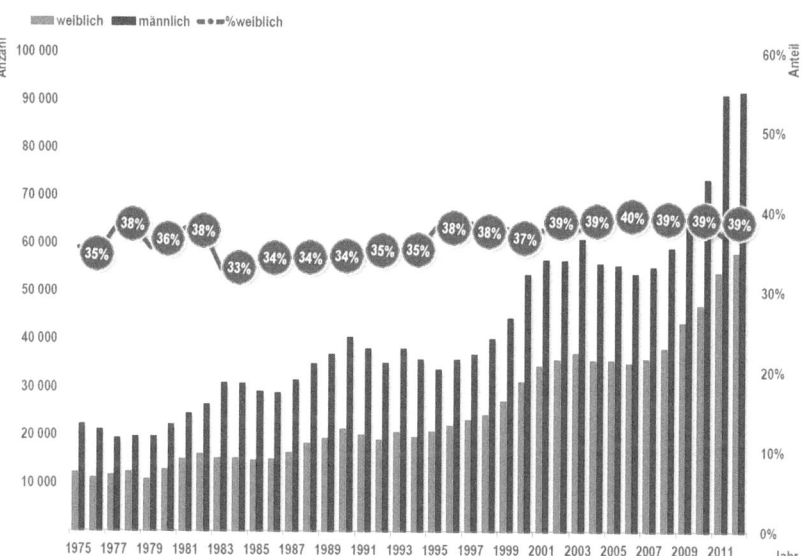

Abb. 5 Fächergruppe Mathematik, Naturwissenschaften in den Studienjahren 1975–2012, Studienanfängerinnen und Studienanfänger im 1. Fachsemester. (© Kompetenzzentrum Technik – Diversity – Chancengleichheit e. V., Bielefeld 2013)

zentpunkte auf 12,3 %. Dies ist, wenn auch auf niedrigem Niveau, der höchste je verzeichnete Frauenanteil in der Elektrotechnik. Damit hat sich die Zahl der Studienanfängerinnen im 1. Fachsemester seit 1995 insgesamt fast versechsfacht (1995: 568; 2012: 3.252).

3.2 Fächergruppe Mathematik und Naturwissenschaften

Die Fächergruppe Mathematik und Naturwissenschaften weist kontinuierliche Steigerungen auf.[3] So entschieden sich, wie die Abbildung 5 zeigt, im Studienjahr 2012 58.115 Studienanfängerinnen und Studienanfänger für ein Studium in dieser Fächergruppe. Dies entspricht einem Anstieg von 7,6 % im Vergleich zu 2011. Die kontinuierliche Steigerung trifft auch auf die Frauenanteile unter den Studienanfängern zu, die sich in dieser Fächergruppe seit 1995 fast verdreifacht haben (1995: 20.744; 2012: 58.115).

[3] http://www.komm-mach-mint.de/content/download/11460/125724/file/2012_MNw_Studienanfaenger.pdf, letzter Zugriff: 6.2.2014.

3.3 Informatik

Von besonderem Interesse waren in den letzten Jahren vor allem die Zahlen der Studienanfängerinnen und -anfänger in der Informatik. Diese haben sich im Zeitraum 2008 bis 2012 fast verdoppelt und zeigen im Studienjahr 2012 eine besonders positive Entwicklung. Gegenüber dem Studienjahr 2011 konnte hier ein Anstieg von 8 % verzeichnet werden. Für die Studienanfängerinnen bedeutet dieser Anstieg, dass 19 % mehr Frauen ein Studium der Informatik aufgenommen haben. Damit ist der Frauenanteil um 2,2 Prozentpunkte auf 22,1 % gestiegen. Das ist der bisher höchste gemessene Wert für die Informatik. Für den Zeitraum seit 1995 bedeutet dies, dass sich die Zahl der Studienanfängerinnen im 1. Fachsemester insgesamt fast versiebenfacht hat (1995: 1778; 2012: 12.048).

4   Fazit

Mädchen und junge Frauen sind so gut ausgebildet wie nie zuvor. Trotzdem finden sie immer noch schwer Zugang zu MINT-Berufsfeldern. Diesem Umstand liegen unterschiedliche Faktoren zugrunde. Dazu gehören unter anderem stereotype Zuschreibungen. Diese beeinflussen nicht nur die Leistungs- und Potentialzuschreibungen durch Lehrkräfte und Eltern. Sie führen auch zu einer schlechteren Selbsteinschätzung der Mädchen und jungen Frauen und beeinflussen ihr Berufs- und Studienverhalten.

Auch fehlende Rollenvorbilder führen dazu, dass die MINT-Berufswelt für Mädchen und junge Frauen noch keine hohe Attraktivität besitzt.

Der Nationale Pakt für Frauen in MINT-Berufen „Komm, mach MINT." mit seinem breiten Netzwerk aus Wirtschaft, Wissenschaft, Medien, Verbänden und Politik setzt hier an. Er stellt mit seiner Initiative die vorhandenen erfolgreichen Maßnahmen und Aktionen in die Breite und entwickelt eigene, wie

- die Herausgabe von Broschüren, welche die Vielfalt der MINT-Welt vorstellen,
- Messebeteiligungen
- und die Präsentation von Rollenvorbildern z. B. auf Women-MINT-Slams.

Die in einigen Fächern doch deutlich gestiegenen Frauenanteile unter den Studienanfängerinnen und -anfängern zeigen, dass die langjährigen Aktivitäten, aber auch gerade die Bündelung dieser und neuer Aktivitäten auf www.komm-mach-mint.de das MINT-Image nachhaltig zu verändern beginnen.

Literatur

1:0 für INFOR.MATIK – Facettenreiche Berufe in der Informatik, Kompetenzzentrum Technik – Diversity – Chancengleichheit e. V. Hrsg. 2013. S. 16–17, 1. Aufl. Bielefeld.

IW Köln. 2013. *MINT-Frühjahrsreport 2013 – Innovationskraft, Aufstiegschance und demografische Herausforderung.*

Natur.Wissenschaften – Berufsperspektiven in den Naturwissenschaften, Kompetenzzentrum Technik – Diversity – Chancengleichheit. e. V. Hrsg. 2012. S. 13, 1. Aufl. Bielefeld.

Pant, Hans Anand, Petra Stanat, Ulrich Schroeders, Alexander Roppelt, Thilo Siegle, und Claudia Pöhlmann. Hrsg. 2013. *IQB-Ländervergleich 2012, Mathematische und naturwissenschaftliche Kompetenzen am Ende der Sekundarstufe I*. Münster: Waxmann. http://www.iqb.hu-berlin.de/laendervergleich/laendervergleich/lv2012/Bericht.pdf. Zugegriffen: 6. Okt. 2014.

Eva Viehoff ist studierte Diplom-Agraringenieurin. Nachdem sie im Rahmen ihrer Anstellung beim Alfred-Wegener-Institut Helmholtz-Zentrum für Polar- und Meeresforschung die Aufgaben der Frauenbeauftragten übernommen und diese Verantwortung acht Jahre lang wahrgenommen hatte, ist sie seit August 2008 als Koordinatorin in der Geschäftsstelle des Nationalen Pakts für Frauen in MINT-Berufen „Komm, mach MINT." tätig. Viehoff ist Expertin in Fragen zu Mädchen und Frauen in MINT, mit besonderer Expertise zu Frauen in Naturwissenschaft und Technik, Frauen in Führungspositionen sowie Gender in Naturwissenschaft und Technik. Im Projekt „Komm, mach MINT." koordiniert sie das Netzwerk und ist u. a. beteiligt an der Beratung und Strategieentwicklung. Eva Viehoff hat drei erwachsene Kinder und lebt in Norddeutschland.

Ganz normale Exotinnen

Erfolgsfaktoren und Fallstricke in der Arbeit mit Role Models

Martina Battistini

Kurzfassung

Mädchen und junge Frauen für technische und naturwissenschaftliche Berufe zu interessieren und zu gewinnen, diesem Anliegen widmeten sich in den vergangenen 20 Jahren zahlreiche Institutionen mit unterschiedlich erfolgreichen Programmen und Projekten. Die Femtec.GmbH arbeitet seit 2001 sehr erfolgreich auf diesem Feld und setzt in ihren Programmen für Studentinnen der Ingenieur- und Naturwissenschaften sowie in ihren Schülerinnen-Angeboten in vielfältiger Weise Role Models ein. Der Aufsatz bietet eine Reflexion dieser langjährigen Erfahrungen und trägt die wichtigsten Erfolgsfaktoren und Fallstricke in der Arbeit mit Role-Models im Kontext von Berufs- und Studienorientierung sowie Karriereentwicklung zusammen.

1 Einleitung

Seit Mitte der 1990er-Jahre widmen sich zahlreiche Projekte dem Thema Berufsorientierung und Berufswahl von Mädchen. Zentrales Anliegen ist es, Mädchen solche Berufe vorzustellen, die in Deutschland als „untypisch" für sie gelten, und sie für diese zu interessieren. Ein Kernelement dieser Projekte ist die Arbeit mit Role Models, also jungen Frauen, die sich bereits für einen Beruf in einer soge-

M. Battistini (✉)
Femtec.GmbH, Berlin, Deutschland
E-Mail: battistini@femtec.org

© Springer Fachmedien Wiesbaden 2015
S. Augustin-Dittmann, H. Gotzmann (Hrsg.), *MINT gewinnt Schülerinnen*,
DOI 10.1007/978-3-658-03110-7_6

nannten „Männerdomäne" entschieden haben. Weibliche Azubis im Blaumann und mit ölverschmierten Händen berichten von ihrer Leidenschaft für Motorenöl oder große Maschinen, Nachwuchsingenieurinnen im blauen Businesskostüm von ihren ersten Schritten auf der Karriereleiter in Automobilkonzernen oder bei Energieversorgern. Diese Rollenvorbilder „haben es geschafft", sie haben sich entgegen gängiger Rollenerwartungen für diese Berufe entschieden und sie machen in ihnen Karriere.

Aber: Sie sind eine Minderheit. Nach wie vor entscheiden sich junge Männer und junge Frauen eher für rollentypische Berufe und Studienfächer (Buchmann und Kriesi 2012, S. 256–280; Trappe 2006, S. 50–78). Dies führt unter anderem dazu, dass sich der Gender Pay Gap, also der Abstand zwischen den durchschnittlichen Gehältern von Männern und Frauen, kaum verändert und verhindert, dass Frauen die gesellschaftliche und die technologische Entwicklung der Gesellschaft im gleichen Maße wie Männer mitgestalten. Außerdem hat dies massive Auswirkungen auf die soziale Absicherung von Frauen im Alter. Der geschlechtlich geteilte Arbeitsmarkt ist damit eine der wichtigsten Ursachen für fortbestehende gesellschaftliche Ungleichheiten und Ungerechtigkeiten zwischen Männern und Frauen. Deswegen ist die Veränderung des Studien- und Berufswahlverhaltens von Mädchen und jungen Frauen so wichtig.

In diesem Aufsatz möchte ich einige wichtige Aspekte in der Arbeit mit Role Models zusammentragen, wie sie vor allem im Kontext von Berufs- und Studienorientierung sowie Karriereentwicklung eingesetzt werden. Dabei wird es nicht um eine wissenschaftliche Betrachtung gehen, sondern um eine Reflexion von langjähriger Praxis in diesem Feld. Im Mittelpunkt steht die Arbeit der Femtec.GmbH an der Technischen Universität Berlin, die sich seit zwölf Jahren mit der Förderung des weiblichen Nachwuchses in den Natur- und Ingenieurwissenschaften beschäftigt und auf verschiedensten Ebenen mit Rollenmodellen arbeitet.

Ziel des vorliegenden Beitrages ist es, Menschen, die im Kontext von Studienoder Berufsorientierung für Mädchen oder Karriereförderung von Frauen mit Role Models arbeiten, Unterstützung für ihre alltägliche Arbeit zu bieten. Daher werde ich exemplarisch die Arbeit mit Role Models bei der Femtec beschreiben und vor allem auf Erfolgsfaktoren und mögliche Fallstricke eingehen.

2   Studienwahl- und Karriereberatung – die Arbeit der Femtec

Das Femtec.Hochschulkarrierezentrum an der Technischen Universität Berlin leistet auf diesem Gebiet Pionierarbeit und engagiert sich bereits seit 2001 in der Nachwuchsförderung. Ihr Ziel ist es, junge Frauen für die sogenannten MINT-

Fächer (Mathematik, Informatik, Naturwissenschaften und Technik) zu begeistern und für ein Studium zu motivieren sowie leistungsstarke und ambitionierte Studentinnen dieser Fächer in ihrer Karriereentwicklung zu unterstützen und sie auf Führungsaufgaben in Wirtschaft und Wissenschaft vorzubereiten. Dazu hat die Femtec seit 2001 ein umfangreiches Netzwerk aufgebaut, in dem derzeit zehn weltweit tätige Technologieunternehmen, die bundesweit aktive Fraunhofer-Gesellschaft, die führenden Technischen Universitäten Deutschlands (TU9-Verbund) sowie die ETH Zürich zusammenarbeiten.[1]

Jedes Jahr beginnen rund 90 Studentinnen das anderthalbjährige studienbegleitende Careerbuilding-Programm der Femtec, in dem sie ihre Soft-Skills schulen, Management- und Führungskompetenzen erlangen, individuell beraten werden und vielfältige Kontakte zu den Partnerunternehmen aufnehmen können. An diesem Programm schätzen die Teilnehmerinnen besonders die Möglichkeit, sich mit anderen MINT-Studentinnen zu vernetzen und von dem Erfahrungswissen der ehemaligen Teilnehmerinnen zu profitieren, von denen mittlerweile 418 berufstätig sind. Unter ihnen besteht eine große Bereitschaft, sich der jüngeren Generation als Role Model zur Verfügung zu stellen und sie auf ihrem Entwicklungsweg zu unterstützen.

Neben der Karriereunterstützung von ambitionierten Studentinnen widmet sich die Femtec von Beginn an dem jüngeren weiblichen Nachwuchs. Bereits seit 2001 werden regelmäßig die Orientierungsworkshops „Try it!- Junge Frauen erobern die Technik" durchgeführt. Während dieser viertägigen Workshops an der Technischen Universität Berlin spielen Role Models eine wichtige Rolle. Studentinnen berichten von ihrer Studienwahl und wie sie die Herausforderungen des MINT-Studiums meistern, berufstätige Ingenieurinnen schildern ihren Werdegang und ihre tägliche Arbeit und machen damit Berufe anschaulich.

Der Programmbereich „Schüler/innen" ist kontinuierlich gewachsen und umfasst verschiedene Angebote. Neben den geschlechtsspezifischen Mädchen-Workshops führt die Femtec seit 2009 im Auftrag der Fraunhofer-Gesellschaft das Orientierungs- und Bindungsprogramm „Talent Take Off – Start ins Studium" durch, das sich an MINT-begeisterte Schülerinnen und Schüler richtet. Es umfasst sechstägige Studienwahlkurse, ein jährliches Alumni-Event für Schülerinnen und Schüler sowie Studierende und das von Fraunhofer eingerichtete Kommunikationsportal „myTalent". Zusätzlich werden im Programmbereich weitere Drittmit-

---

[1] Auf Seiten der Wirtschaft sind der Femtec gegenwärtig zehn Unternehmen verschiedenster Branchen verbunden: aus dem Energiesektor die Deutsche BP, EnBW und E.ON, aus der Luft- und Raumfahrt die europäische EADS, die Automobilhersteller Daimler und Porsche, die Technologiekonzerne ABB, ThyssenKrupp und Robert Bosch sowie die Deutsche Telekom (Stand November 2013).

telprojekte durchgeführt, zuletzt das BMBF-finanzierte Projekt „Technik braucht Vielfalt", bei dem Kooperationen zwischen Hochschulen und Migrantenselbstorganisationen geknüpft wurden, um vor allem Mädchen aus Zuwanderungsfamilien und ihre Eltern zu erreichen. Alle diese Projekte und Aktivitäten zielen auf einen besseren Übergang von der Schule ins Studium ab. Sie bieten professionelle Unterstützung bei der Studienfachwahl und setzen dabei als ein zentrales Element die Begegnung mit vielfältigen Role Models ein.

2.1   Ziele in der Arbeit mit Role Models

Vorbilder sind ein zentrales Element unserer Sozialisation. Durch sie erlernen wir unsere gesellschaftlichen Rollen. Vorbilder finden sich in der Familie, in der Schule und später im beruflichen Umfeld. Bei Jugendlichen spielen die sogenannten Peers, die Gleichaltrigen, eine zentrale Rolle. Sie alle wirken mit, wenn unsere Geschlechterrollen geprägt werden, die sich in Deutschland seit mehreren Jahrzehnten im Umbruch befinden. Traditionelle Vorstellungen wie das Allein-Ernährer-Modell und die Alleinzuständigkeit von Frauen für Erziehung und Aufzucht von Kindern haben stark an Bedeutung verloren. Für junge Frauen ist es heute selbstverständlich, dass sie Karriere und Familie gleichermaßen realisieren und leben wollen. Auch die Einstellungen von jungen Männern verändern sich langsam (Allmendinger und Haarbrücker 2013, S. 26–32).

Vorbilder prägen uns also in starkem Maße und oft ganz unbewusst. In der Arbeit mit Role Models wird versucht, diese Wirkung bewusst zu erzielen und einzusetzen, um die Selbstwirksamkeitserwartung von jungen Frauen zu verändern. Selbstwirksamkeit meint die individuelle Überzeugung, dass man eine bestimmte Leistung erbringen oder eine Herausforderung bewältigen kann. Das Konzept der Selbstwirksamkeit geht auf den Soziologen Albert Bandura zurück (Bandura 1997). Er unterscheidet vor allem vier Quellen, die Einfluss auf die Selbstwirksamkeitserwartung haben: emotionale Erregung (Stresssymptome), Zuspruch von außen („Du kannst es bestimmt schaffen"), Modelllernen (durch das Beobachten von erfolgreichen Personen) und eigene positive Erfahrungen (Erfolge, die durch eigene Anstrengung erreicht wurden). In der Arbeit mit Role Models versucht man sowohl den Zuspruch von außen als auch das Modelllernen umzusetzen: Die Zuhörerinnen erleben eine Person, die bereits erfolgreich bestimmte Hürden genommen hat und erfahren Ermutigung. Zentral für die positive Beeinflussung der Selbstwirksamkeit ist dabei der Grad der Identifikation der Zuhörerinnen mit den Role Models und gegebenenfalls eine gute persönliche Beziehung zu diesen.

Welche Ziele verfolgen MINT-Projekte und Initiativen – und auch die Femtec – bei der Arbeit mit Role Models? In dem eben beschriebenen Sinne sollen sie ermutigen, Vorurteile abbauen und motivieren. Sie senken Hemmschwellen, indem sie ihre Erfahrungen weitergeben. MINT-Studentinnen, die selbst überzeugt sind von ihrer Studienwahl, zeigen, wie viel Spaß diese Fächer machen können – auch wenn sie nicht auf die leichte Schulter zu nehmen sind. Vor allem machen sie deutlich, welche positiven gesellschaftlichen Veränderungen durch Technologie bewirkt werden können und sind so in der Lage, gegebenenfalls vorhandenen Vorurteilen gegenüber technischen Berufen entgegenzuwirken. Indem sie schildern, wie sie selbst vorhandene Hürden überwunden haben, machen sie Mut. In der Phase der Berufs- und Studienwahlorientierung sind unterschiedliche weibliche Rollenvorbilder für Mädchen sehr wichtig, „um ihnen ein großes Verhaltensrepertoire zu eröffnen und klassische Rollenbilder aufzuweichen" (Buhr und Grella 2011, S. 51) sowie die immer noch vorherrschende Einengung bei der Berufswahl aufzubrechen. Für Jungen gilt das gleichermaßen, aber entsprechende Angebote für Jungen sind noch rar (u. a. „Boys' Day", „Neue Wege für Jungs")[2].

Die Ingenieurinnen oder Naturwissenschaftlerinnen, die als MINT-Role Models ihre Arbeit vorstellen, füllen abstrakte Berufsbilder mit Leben, erzählen anschaulich, welche verschiedenen Wege in einen MINT-Beruf führen können. Sie können schildern, wie sie ihre Studienwahl gestaltet haben, wer sie unterstützt hat, wie der Berufseinstieg verlief und wie sie Karriereentscheidungen gefällt haben, Beruf und Familie vereinbaren und welche Aushandlungsprozesse in einer Partnerschaft dafür vonnöten sind. Indem sie partnerschaftliche Rollenmodelle vorleben und vorstellen, können sie dazu beitragen, traditionelle Rollenbilder zu verändern und vor allem praktische Tipps geben, wie neue Rollenverteilungen zwischen Frauen und Männern im Alltag funktionieren können.

2.2   Was sind Role Models?

Role Models können Anregungen geben, die bei der Verwirklichung eigener Pläne und Ziele in ganz verschiedenen Lebenssituationen und Kontexten helfen können. Im besten Fall haben sie einen positiven Einfluss auf das Verhalten von Menschen.

---

[2] Beim jährlichen Boys' Day sollen Jungen soziale und erzieherische Berufe kennenlernen und sich generell mit ihrer Berufs- und Lebensplanung auseinandersetzen. Allerdings sind diese Berufe in der Regel deutlich schlechter bezahlt und gesellschaftlich weniger prestigeträchtig als Tätigkeiten in den klassischen Männerdomänen. Diese Felder für Jungen attraktiv zu machen, ist darum recht schwierig.

Für den Kontext, in dem die Femtec arbeitet, halten wir die Definition der amerikanischen Kinder- und Jugendpsychologin Marilyn Price-Mitchell für sehr geeignet. Price-Mitchell engagiert sich persönlich stark in der kommunalen Elternarbeit und hat die folgenden fünf wichtigsten Charakteristika von Role Models identifiziert (Price-Mitchell 2013 [online]):

1. Role Models zeigen Leidenschaft für ihre Arbeit und stecken andere mit dieser an.
2. Role Models haben eine klare Wertevorstellung und leben diese auch. Das Gegenüber profitiert insofern davon, als dass es sich so seiner eigenen Werte besser vergewissern kann und einen klaren Blick für die Verwirklichung der persönlichen Entwicklung erhält.
3. Role Models bekennen sich zu der Gesellschaft, in der sie leben. Sie sind aktiv in die Gemeinschaft eingebunden. Sie stellen ihre Zeit und ihr Talent für andere zur Verfügung – ob sie Nachbarschaftshilfe leisten, sich in lokale Gremien wählen lassen oder sich in Vereinen engagieren.
4. Role Models akzeptieren Menschen, die anders sind als sie selbst und sie sind (auch selbstlos) hilfsbereit.
5. Role Models haben die Fähigkeit, auch schwierige Hindernisse zu überwinden und sind dadurch immer wieder initiativ. Sie zeigen, dass Erfolg auch aus komplexen Situationen heraus durchaus möglich ist.

Diese Definition ist breit gefasst und umfasst Role Models für verschiedenste Lebensbereiche und -situationen. Sie erscheint uns aber auch treffend, ein klareres Bild davon zu bekommen, welche Menschen in der Studien- und Berufsorientierung gut geeignet sind, als Role Models positive Wirkungen zu erzielen. Bedeutsam finden wir folgende Eigenschaften: Leidenschaft, persönliche Wertvorstellungen, gesellschaftliches Engagement, Hilfsbereitschaft und Problemlösefähigkeit. Zu ergänzen wäre: die Fähigkeit und Bereitschaft, über die eigenen Erfahrungen zu sprechen und diese weiterzugeben, und zwar in einer anschaulichen und authentischen Art und Weise.

3   Wege ins Ungewöhnliche bahnen – Praxiseinblicke in die Arbeit der Femtec mit Role Models

Die Studentinnen, die das anderthalbjährige Careerbuilding-Programm der Femtec durchlaufen, nehmen in dieser Zeit an verschiedenen Trainings zu Management und Führung teil. Zu diesen Trainings werden regelmäßig Femtec-Alumnae eingeladen, also ehemalige Teilnehmerinnen, die bereits in den Beruf eingestiegen sind bzw. über erste Führungserfahrung verfügen. Theoretisch Gelerntes wird durch erzählte Praxis und lebendige Vorbilder angereichert.

In den Programmen der Femtec, die sich ausschließlich an Mädchen und Frauen richten, werden nur weibliche Role Models eingeladen. Dies ist deswegen so wichtig, weil die wenigsten MINT-begeisterten Mädchen und Frauen in ihrem Umfeld weibliche Vorbilder treffen.[3] Hier spielt das Geschlecht eine zentrale Rolle, weil Frauen bisher in diesen Berufen und Studiengängen unterrepräsentiert sind und weil Technik insbesondere in Deutschland stark männlich konnotiert ist (Solga und Pfahl 2009, S. 1 f.).

In den gemischten Angeboten für Schülerinnen und Schüler im „Fraunhofer-Talents!"-Programm werden auch männliche Wissenschaftler und Ingenieure eingeladen. Dabei wird in den Vorgesprächen thematisiert, dass es sich um ein gendersensibles Programm handelt. Bei der Zusammensetzung der Studienwahl-Kurse „Talent Take Off – Einsteigen" wird darauf geachtet, dass Mädchen in der Mehrheit sind (ca. 60 % der Teilnehmenden). Das Thema Studien- und Berufswahl wird in den Trainings des Kurses gendersensibel reflektiert, d. h. es wird thematisiert, was diese Studienwahl für junge Frauen bzw. junge Männer jeweils bedeutet, welche Vorbilder sie haben, mit welchen Widerständen sie ggf. zu kämpfen haben und wie sie damit produktiv umgehen können. Daher sind gemischte Rollenvorbilder in diesem Programm selbstverständlich.

Die Femtec bietet für ihre verschiedenen Zielgruppen unterschiedliche Formate an, zwei davon werden hier exemplarisch vorgestellt: eines aus dem Programmbereich „Schülerinnen" und eines aus dem Careerbuilding der Femtec.

3.1 Die Qual der Studienwahl? Role Models im Info-Workshop für Schülerinnen

Der Info-Workshop ist ein wichtiges Format innerhalb des viertägigen Try it!-Workshops für Schülerinnen und dient der Information und der Orientierung zu verschiedenen MINT-Fächern. Er ist geeignet für eine größere Gruppe von Schülerinnen (höchstens 20 bis 30 Teilnehmerinnen) und wird von der Femtec sowohl für Schülerinnen der 9. bis 11. Klasse als auch für Oberstufenschülerinnen durchgeführt. Als Gäste werden eingeladen: eine Studienberaterin oder ein Studienberater

---

[3] In den zusammengefassten Verbleibbefragungen der Absolventinnen des Careerbuilding-Programms der Femtec geben 66 % der Befragten an, dass sie in ihrem beruflichen Umfeld keine Frau als Vorbild benennen würden. Dem entgegengesetzt halten 79 % der Befragten weibliche Vorbilder im beruflichen Umfeld für wichtig.

der TU Berlin sowie drei bis fünf studentische Role Models aus verschiedenen MINT-Fächern. Die besondere Qualität des Info-Workshops liegt darin, dass die Sachinformationen des Experten/der Expertin und das Erfahrungswissen der Studentinnen zusammengeführt werden. Das ist nicht immer ohne Widersprüche, aber in der Kombination bietet der Workshop eine recht umfassende Erstorientierung: Welche Studienfächer gibt es im MINT-Bereich? Was verbirgt sich hinter den Bezeichnungen der Studienfächer? Wie sind die Zugangsbedingungen zur Uni? Was sind die Unterschiede zwischen verschiedenen Studienmöglichkeiten (Universität, Hochschule für Angewandte Wissenschaften, Duales Studium)? Wie kann ein Studium finanziert werden (BAföG, Stipendien, Jobs)? Wie ist die Studienfachwahl der Studentinnen verlaufen? Welche verschiedenen Fächer hatten sie im Blick, welche Kriterien waren für sie ausschlaggebend, welche Informations- und Schnupperangebote haben sie genutzt? Wer hat sie unterstützt, mit welchen Zweifeln hatten sie zu kämpfen und welche Antworten haben sie gefunden? Was ist wichtig beim Studienstart? Und: Wie läuft das Studium ganz praktisch ab (Credit Points und Module, Lehr- und Lernformen u. v. m.)?

Die Veranstaltung gliedert sich in drei Teile: Zu Beginn und zum Schluss sitzen alle Gäste auf dem Podium und werden von der Moderatorin vorgestellt und zu übergreifenden Fragen interviewt. Im Mittelteil stehen die Studentinnen und die Studienberaterin bzw. der Studienberater einzeln für intensivere Gespräche zur Verfügung. Es werden dreimal 20 Minuten pro Gesprächsstation angeboten, die Mädchen wechseln nach Ablauf dieser Zeit die Station und können dann einer weiteren Person intensiv Fragen stellen. Dieser informellere Teil bietet zum einen die Möglichkeit, auch Fragen zu stellen, die man in der großen Podiumsrunde nicht stellen würde, zum anderen ergibt sich hier die Gelegenheit, die einzelnen Studentinnen ein bisschen näher kennenzulernen. Im Anschluss findet meist noch ein kurzer Campusrundgang mit den Studentinnen statt sowie ein gemeinsames Essen in der Mensa. Das Format wird auch im Rahmen des Studienwahl-Kurses „Talent Take Off – Einsteigen" angeboten, dann werden weibliche und männliche Studierende eingeladen.

3.2 Meilenstein Berufseinstieg – Role Models im Training zu Berufs- und Karrierewegen

Die Trainings zu Berufs- und Karrierewegen von Frauen im MINT-Bereich sind wichtige Programmbestandteile des Careerbuilding-Programms und werden von den Studienleiterinnen der Femtec.GmbH unterrichtet. Ziel ist es, die Studentinnen über die gesamte Programmlaufzeit über verschiedene berufliche Optionen zu informieren, sie für die männlich dominierte Arbeitswelt insbesondere in technischen Berufen zu sensibilisieren und sie somit für den Berufseinstieg zu stärken. Die meisten Teilnehmerinnen des Careerbuilding-Programms, nämlich rund 45 %, studieren ingenieurwissenschaftliche Fächer.

Das Training wird in drei Teilmodulen mit einem Gesamtumfang von zweieinhalb Tagen angeboten. Die Studentinnen besuchen Teil 1 zu Beginn ihrer Programmteilnahme. Hier geht es schwerpunktmäßig darum, sich über den eigenen Karrierebegriff klar zu werden, die Einflussfaktoren auf Karrieren zu beleuchten und die Vielfalt der Perspektiven mit den anderen Teilnehmerinnen zu diskutieren. In Teil 2 wird der persönliche Berufseinstieg vorbereitet. Bei diesem Thema ist es besonders förderlich, mit Role Models zu arbeiten. Im letzten halbtägigen Modul erhalten die Studentinnen am Programmende durch die Studienleiterinnen sowie die Unternehmensvertreterinnen und -vertreter Input zu den Themen: Auswahlinstrumente, „Die ersten 100 Tage im Job" (Onboarding) und Talentmanagement.

Beim Training Berufs- und Karrierewege, Teil 2, steht die persönliche Auseinandersetzung und Planung des Berufseinstiegs im Fokus. In diesem Training werden zunächst die persönlichen Erwartungen und Befürchtungen in Bezug auf den eigenen Berufseinstieg reflektiert und diskutiert. Danach folgen theoretische Inputs und Diskussionen zu verschiedenen Einstiegsvarianten: Trainee-Programm, Direkteinstieg und Promotion. Außerdem werden die Ergebnisse der Femtec-Verbleibanalyse vorgestellt. Dies ist die jährliche Befragung der Femtec-Programm-Absolventinnen zu ihren Karrierewegen und -entwicklungen. Am Ende des Trainingstages findet eine von den Studienleiterinnen moderierte Gesprächsrunde mit drei berufserfahrenen Femtec-Absolventinnen statt. Diese haben sich bestenfalls für unterschiedliche Einstiegs- und Entwicklungswege entschieden und können somit einen breiten Erfahrungsschatz an die Studentinnen weitergeben. In der Runde werden die Themen des Tages zum Berufseinstieg, Kriterien für die Arbeitgeberwahl und persönliche Entscheidungen aus der Perspektive der berufstägigen Role Models nochmals beleuchtet und ihre Erfahrungen an die jüngere Generation weitergegeben.

Aufgrund der Tatsache, dass die Podiumsgäste ehemalige Careerbuilding-Teilnehmerinnen sind, entsteht sehr bald eine vertraute und offene Gesprächsatmosphäre, in der die Studentinnen häufig recht persönliche Fragen beispielsweise zu negativen Erfahrungen, beruflichen Hürden und zu Gehältern stellen. Die Live-Berichte und der Austausch mit den Role Models sowie deren Bestärkung werden von den Studentinnen als gelungene Abrundung des Trainings und als Tageshighlight erlebt.

In der Arbeit der Femtec kommen viele weitere Formate zum Einsatz: Von der großen öffentlichen Podiums-Veranstaltung mit Frauen in herausgehobenen Führungspositionen („Chefinnen-Sache") bis zu Interviews einzelner Frauen durch Femtec-Alumnae im Rahmen des alljährlich stattfindenden Sommerfestes der Femtec.[4]

4 Erfolgsfaktoren und Fallstricke

Die Femtec arbeitet mittlerweile über zehn Jahre mit Role Models in verschiedensten Formaten und hat im Laufe der Jahre einige Erfolgsfaktoren feststellen können. Der wichtigste ist sicherlich die Einstellung und Motivation der Role Models selbst: Sie sind begeistert von ihrem Studienfach, ihrem Beruf oder ihrer Wissenschaftsdisziplin, sie sprechen gern über sich und ihre Erfahrungen, sind offen für neugierige Fragen nach ihrem Lebensweg und nach der Grundlage ihrer Entscheidungen in bestimmten Lebenssituationen. Idealerweise sind sie auch bereit, über private Themen Auskunft zu geben, um zu verdeutlichen, wie hochqualifizierte und ambitionierte Frauen eine erfolgreiche berufliche Karriere mit einem intakten Familienleben verbinden können.

Ein Erfolgsfaktor ist demnach eine starke persönliche, intrinsische Motivation, das eigene Erfahrungswissen weiterzugeben, um den Nachwuchs zu unterstützen und, im Falle der Femtec, mit dafür zu sorgen, dass mehr Frauen in Führungspositionen gelangen. Ob Menschen sich als Role Models eignen, hängt also ganz allgemein von den oben genannten Punkten ab. Neben diesen generellen Voraussetzungen spielen aber weitere Aspekte eine wichtige Rolle, die damit zusammenhängen, welche Zielgruppe mit den Role Models angesprochen werden soll (Alter, Vorwissen) und welche Ziele im speziellen mit der geplanten Veranstaltung erreicht werden sollen. Ganz allgemein gilt die Regel, dass die Role Models in ihrer persönlichen und beruflichen Entwicklung den Zuhörenden ein bis zwei Schritte voraus sein sollten (vgl. Abb. 1). Für junge Frauen aus der Oberstufe, die sich über ihre Studienwahl Gedanken machen, sind z. B. Studentinnen im Bachelorstudium gut geeignete Vorbilder. Der eigene Prozess der Studienwahl liegt noch nicht lange zurück und auch der Studienbeginn mit all seinen Aufregungen, Veränderungen und Hürden ist noch in lebhafter Erinnerung. Für Studentinnen im Master-Studium, die ihren beruflichen Einstieg vorbereiten, sind junge Berufstätige gute Vorbilder, die zwei bis drei Jahre Berufserfahrung mitbringen. Für die Frauen, die

---

[4] Einen guten praxisbezogenen Einblick in weitere Formate mit Role Models geben Regina Buhr und Bettina Kühne in ihrer Veröffentlichung zum Projekt „mst|femNet meets Nano and Optics. Bundesweite Mädchen-Technik-Talente-Foren in MINT – mäta", siehe Literaturliste. Für die praktische Arbeit ebenfalls sehr anregend ist die Handreichung für Role Models des Projekts „MINTalente" vom VDI.

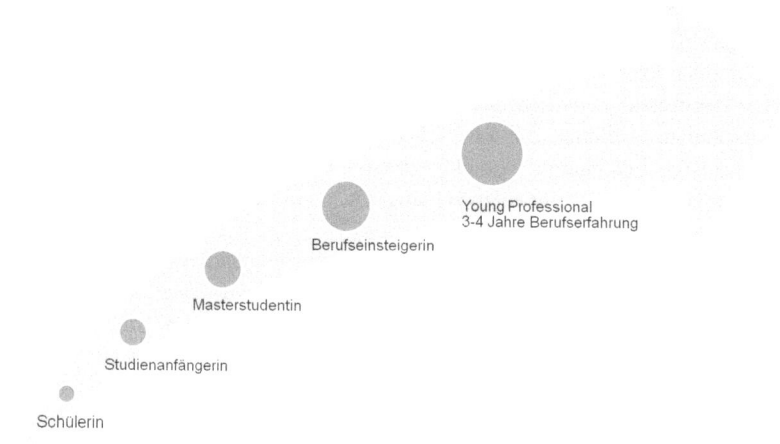

Young Professional
3-4 Jahre Berufserfahrung

Berufseinsteigerin

Masterstudentin

Studienanfängerin

Schülerin

Abb. 1 Stufenmodell „Role Models – immer einen Schritt voraus". (© Femtec.GmbH)

bereits erfolgreich ins Berufsleben eingestiegen sind, sind wiederum Role Models wichtig, die z. B. erste Führungserfahrungen mitbringen und davon berichten können. Es gilt das Motto „Lebensnähe ist wichtiger als Superfrauen" (Buhr und Kühne 2011, S. 51).

Ausnahmen von dieser Regel sind natürlich möglich und sinnvoll, wenn sie den Zielen der Veranstaltung entsprechen. Beispiel: Schülerinnen der Oberstufe informieren sich in einem mehrtägigen Workshop über Studienfächer und Berufe im MINT-Bereich, wie beim Try it!-Workshop der Femtec. Zum Abschluss des viertägigen Workshops werden Ingenieurinnen und Ingenieure eingeladen, die Berufsbilder und ihren Berufsalltag vorstellen. Das wichtigste Ziel ist es, diese vielfach unbekannten Berufe für die Schülerinnen greifbar und anschaulich zu machen und ihnen den Arbeitsalltag der Ingenieurinnen nahezubringen, in dem häufig Teamarbeit und vielfältige kommunikative Tätigkeiten im Mittelpunkt stehen. Auch das Thema Vereinbarkeit von Beruf und Familie kann hier angesprochen werden, weil diesbezüglich viele Unsicherheiten bei jungen Frauen bestehen und diese sie von der Wahl solcher Berufe abhalten können. Wichtig ist es also, klar das Hauptziel der jeweiligen Veranstaltung zu definieren und anschließend die Role Models auszuwählen. Es besteht nämlich die Gefahr, dass die Eingeladenen von ihrer beruflichen Positionierung zu weit von den Zuhörerinnen entfernt sind. Wenn TOP-Managerinnen vor Studienanfängerinnen sprechen, kann dies sehr einschüchtern wirken, insbesondere wenn diese ihre überlangen Arbeitszeiten, ihre ständige Verfügbarkeit und ihre Kinderlosigkeit stark betonen. Ähnliches gilt für Studentinnen kurz vor ihrem Abschluss, die vor jüngeren Schülerinnen (7. bis 9. Klasse) auftreten. Zwischen den Lebenssituationen liegen zu viele Schritte, die Vermittlung des Gefühls „Das kann ich auch schaffen" ist dann schwer zu realisieren. Das ist jedoch eine wesentliche Funktion von Role Models oder Vorbildern: Zutrauen zu schaffen in die eigenen Fähigkeiten und Mut zu machen, die nächsten Schritte zu gehen.

Ein weiterer Erfolgsfaktor ist das Briefing der eingeladenen Vorbilder. Ziele, Zielgruppe und Kontext der Veranstaltung (inklusive Vor- oder Nachbereitung) sollten die Role Models kennen und auch „spezielle Botschaften", die den Veranstalterinnen und Veranstaltern gegebenenfalls wichtig sind. Wenn es zum Beispiel darum geht deutlich zu machen, dass Ingenieurberufe kommunikative Persönlichkeiten benötigen, dann ist es wichtig, im Vorgespräch herauszufinden, ob Kommunikation im Berufsalltag dieser Ingenieurin wirklich eine wichtige Rolle spielt und sie selbst dies auch als einen wertvollen und wichtigen Teil ihrer Arbeit ansieht. Wenn das Thema Vereinbarkeit von Beruf und Familie im Zentrum der Veranstaltung stehen soll, sollten die Role Models über eigene – bestenfalls positive – Erfahrungen mit dem Thema verfügen. Wenngleich diese Idealvorstellungen in der Praxis nicht immer umgesetzt werden können, ist es sehr sinnvoll, sich über die Ziele und Botschaften klar zu werden, auch um bei den Vorbildern fehlendes Wissen oder Erfahrungen gegebenenfalls durch eigene Beiträge ergänzen zu können.

Bei der Vorbesprechung ist es wichtig, sensible Themen anzusprechen: Wie offen möchte die oder der Eingeladene über das Thema Gehalt sprechen? Wie weitgehend dürfen Fragen zu Familie, Kindern und Partnerschaftsmodellen sein? Bei der Auswahl der Role Models ist vor allem zu beachten, welche Ziele man mit der geplanten Veranstaltung verfolgt und welche Zielgruppe angesprochen wird. Wenn die Möglichkeit besteht, ist es sehr sinnvoll, mehrere Role Models mit unterschiedlichen Berufswegen einzuladen, um die Vielfalt der Wege in MINT-Berufe oder Studienfächer deutlich zu machen.

Wenn die Veranstaltung Raum dafür lässt, kann auch thematisiert werden, dass Role Models zwar wichtige Orientierungen zum eigenen Verhalten geben können, dass aber der individuelle Ansatz – nämlich die Frauen (oder Männer) müssen sich verändern – nicht ausreicht. Dazu muss in Unternehmen und Organisationen ein Kulturwandel erreicht werden, der es Frauen und Männern ermöglicht, sowohl berufliche Ambitionen als auch Familie zu leben. Auch an den Universitäten gibt es Veränderungsbedarfe in MINT-Studiengängen, die seit vielen Jahren diskutiert werden. Ein früher Praxisbezug (z. B. durch Projekte) schon im Bachelorstudium erhöht die Attraktivität dieser Studiengänge für junge Frauen und für junge Männer gleichermaßen. Einige Universitäten haben dies bereits umgesetzt und bieten zudem vielfältige Brückenangebote am Übergang zwischen Schule und Studium an, an manchen Standorten gibt es eine besondere Studieneingangsphase, die den Einstieg ins Studium erleichtern und Abbrüche verhindern helfen soll. Für Schülerinnen am Übergang zwischen Schule und Studium lohnt es sich deshalb, genauer auf die konkreten Angebote der Universitäten zu schauen. Berufseinsteigerinnen sind gut beraten, auch die Rahmenbedingungen bezüglich flexibler Arbeitszeiten und -orte, fairer Bezahlung sowie von Aufstiegschancen insbesondere für Frauen, die ein Arbeitgeber bietet, in den Blick zu nehmen.

Denn die Unterrepräsentanz von Frauen in den MINT-Fächern ist nicht nur ein Problem des Bildungssystems und der unterschiedlichen Techniksozialisation von Mädchen und Jungen, sondern auch eines des Arbeitsmarkts. Wie Heike Solga und Lisa Pfahl in ihrer Expertise für die Technikakademie Acatech anhand der Zusammenfassung aktueller empirischer Befunde nachweisen, ist es langfristig unbedingt notwendig, jungen Frauen, die in technischen Berufen gut ausgebildet sind, höhere Chancen als bisher zu geben, ihre Berufe tatsächlich auszuüben und dies auch mit den gleichen Gratifikationen wie Männer zu tun (Solga und Pfahl 2009, S. 178–189).

5 Erfolgsfaktoren der Femtec: Motivation und Bindung in einem besonderen Netzwerk

Wenn man die Arbeit mit Role Models in dieser Art und Weise gestalten möchte, stellt man durchaus hohe Ansprüche an die Eingeladenen. Das verlangt ihnen eine Menge ab – warum sollten sie überhaupt bereit sein, so viel von sich preiszugeben? Innerhalb des „Femtec.Network" bestehen dafür besondere Voraussetzungen. Die eingeladenen Studentinnen oder Absolventinnen haben am Careerbuilding-Programm der Femtec teilgenommen oder tun es noch. Diese jungen Frauen haben sich im Rahmen der verschiedenen Trainings und Workshops des Femtec-Programms selbst ausführlich mit ihrer Studienwahlentscheidung und mit ihrer Karriereplanung auseinandergesetzt. Sie haben sich bereits ausführlich damit beschäftigt, welche Rolle es spielen kann, in MINT-Fächern an der Universität und später in technologienahen Berufen eine Frau zu sein. Und sie sammeln tagtäglich neue Erfahrungen zu diesem Thema, die sie weitergeben können. Die Motivation, sich als Role Model zur Verfügung zu stellen, speist sich nicht selten aus ihrer Erfahrung, selbst kein Vorbild gehabt zu haben. 79 % der Teilnehmerinnen des Careerbuilding-Programms halten ein weibliches Vorbild im MINT-Bereich für wichtig – nur 34 % haben eines in ihrem Umfeld.

Für die Femtec bedeutet dies, dass sie aus einem bundesweiten Pool von mittler-weile über 700 Studentinnen und Absolventinnen auswählen kann. Die ehemaligen Teilnehmerinnen sind gerne bereit, etwas „zurückzugeben" und ihre Erfahrungen an die nächste Generation von jungen Frauen weiterzureichen, denn sie wünschen sich ja selbst auch viel mehr Frauen in ihrem Bereich. Dieser Mechanismus funk-tioniert ähnlich in verschiedensten Alumni-Programmen z. B. von Hochschulen. Im Femtec.Network kommt hinzu, dass sich alle als Teil eines spezifischen Netz-werkes fühlen. Das hat auch dazu geführt, dass Absolventinnen der Femtec 2008 sogar einen eigenen Verein gegründet haben, den Femtec.Alumnae e. V., der sehr erfolgreich eine eigenständige Schülerinnenarbeit aufgebaut hat und regelmäßig Veranstaltungen vor allem für jüngere Schülerinnen ab der fünften Klasse durch-führt.

Diese starke persönliche Motivation findet man in ähnlichem Maße bei jungen Frauen (und Männern) mit sogenanntem Migrationshintergrund, wie die Femtec in ihrem vom BMBF geförderten Verbund-Projekt mit dem Berliner Bildungsträger LIFE e. V. „Technik braucht Vielfalt" feststellen konnte. Junge Menschen, deren Eltern oder Großeltern nicht in der Bundesrepublik geboren wurden und deswegen das Bildungssystem nicht so gut kennen, wissen, wie wichtig und hilfreich es ist, sich mit Erfahreneren auszutauschen. Sie wollen – auch als Reaktion auf die durch Thilo Sarrazin aktualisierten Vorurteile[5] – mehr Zuwandererkinder ermutigen, hö-here Bildungskarrieren anzustreben. Deswegen sind in den letzten Jahren zahlrei-che Initiativen und Vereine von jungen Migrantinnen und Migranten ins Leben gerufen worden, die sich explizit der Präsentation von erfolgreichen Role Models widmen (Beispiele: Buntesrepublik e. V., Deukische Generation e. V., Integreater e. V., Zahnräder Netzwerk u. a.).[6]

---

[5] Das 2010 vom ehemaligen Berliner Finanzsenator Thilo Sarrazin veröffentlichte Buch „Deutschland schafft sich ab" löste eine monatelange Debatte zum Thema Integration von Musliminnen und Muslimen in Deutschland aus. Sarrazin beschreibt hierin die Probleme, die er angesichts von Geburtenrückgang, wachsender Unterschicht und weiterer Zuwande-rung aus größtenteils muslimischen Ländern auf Deutschland zukommen sieht. Die Thesen wurden von zahlreichen Persönlichkeiten aus Politik und Wissenschaft kritisiert und zurück-gewiesen.

[6] Nähere Informationen zum Projekt „Technik braucht Vielfalt" und zur Kooperation mit Migrantenselbstorganisationen finden sich unter: www.technik-braucht-vielfalt.de.

6   Der Genderblick: Brauchen wir mehr männliche Role Models?

Weibliche Rollenvorbilder spielen also eine zentrale Rolle in allen MINT-Aktivitäten bundesweit und auch in den Medien ist eine wachsende Sensibilität dafür wahrzunehmen, wie wichtig es ist, Frauen in Führungspositionen und techniknahen Berufen und nicht nur als sorgende Hausfrau und Mutter darzustellen. Die nächste spannende Frage lautet: Brauchen wir nicht eigentlich auch männliche Role Models? Und zwar nicht nur in gemischten Angeboten (siehe oben), sondern auch und gerade in reinen Frauen-Angeboten? Es spricht einiges dafür, beruflich erfolgreiche Männer mit Führungserfahrung einzuladen: Sie steigen immer noch schneller auf und verdienen meist immer noch besser. Das spricht dafür, dass sie das Netzwerken beherrschen und wissen, wie die „Old Boys Networks" funktionieren. Vielleicht sollten die jungen Männer und die jungen Frauen in Führungspositionen sich noch viel stärker darüber austauschen: Welche Unterschiede in der Karriereentwicklung und -förderung nehmen sie wahr? Welche Strategien erscheinen ihnen hilfreich? Und: Wie schätzen Männer die Karriereerfolge von Frauen ein, auf welche Faktoren und welche Strategien führen sie diese zurück? Die individuellen Erfahrungen und Ansichten können im Lichte der entsprechenden wissenschaftlichen Untersuchungen zum Thema (z. B. Kaiser et al. 2012) kontrastiert und diskutiert werden.

Noch wichtiger erscheint es uns jedoch für die Zukunft, ganz „neue" männliche Role Models zu finden und einzuladen. Nämlich solche, die auch in anspruchsvollen Jobs Familienverantwortung übernehmen und z. B. auch in Führungspositionen in Teilzeit arbeiten. Machen sie ähnliche Erfahrungen wie Frauen in dieser Situation? Oder haben sie sogar mit noch mehr Widerständen zu kämpfen? Was können junge Frauen daraus lernen? Inzwischen sind bundesweit einige Väternetzwerke entstanden, zum Teil in einzelnen Unternehmen (Commerzbank „Fokus Väter" oder Telekom „Heimspiel"), seit Neuestem auch unternehmensübergreifend, die in Zukunft eine wichtige Rolle für diese Arbeit spielen könnten.[7]

---

[7] Ein Beispiel ist das unternehmensübergreifende Väternetzwerk der Hamburger Unternehmensberatung Väter gGmbH, das mittlerweile in Berlin, Frankfurt und Hamburg verankert ist: http://vaeter-ggmbh.de/vaeternetzwerk/. Einen Überblick bietet die Plattform: www.vaeter.nrw.de.

7 Role Models – Superfrauen oder ganz normale Exotinnen?

Abschließend ist festzuhalten, dass für alle Role Models gilt: Eine starke persönliche, intrinsische Motivation führt zu einer hohen Verbindlichkeit gegenüber den Veranstalterinnen und Veranstaltern. Deswegen ist es natürlich ideal, wenn die Arbeit mit Role Models in einem Projektzusammenhang stattfindet, in dem sie auch aktive Teilnehmerinnen sind. Es geht aber auch ohne, wie das Projekt „MINTalente" vom VDI und weiteren Partnern zeigt, das eine bundesweite Role Model-Datenbank aufgebaut hat, in der mittlerweile 450 Vorbildfrauen zu finden sind. Denn viele der Frauen, die sich zur Verfügung stellen, empfinden es als sehr befriedigend, andere zu ermutigen und zu bestärken, und sie lernen auch selbst dazu, indem sie öffentlich auftreten und sich präsentieren. Zudem schätzen viele auch das Gespräch über die Generationen hinweg: Wie denken denn die Schülerinnen bzw. die jungen Frauen über die Themen Gleichstellung, Karriere und Familie?

In der Arbeit mit Role Models besteht jedoch auch die Gefahr, die Widersprüche und Schwierigkeiten auf dem Weg ins Studium oder in den Beruf auszublenden, weil man die Zuhörerinnen ermutigen und bestärken möchte. Dieser Tendenz sollten sich Veranstalterinnen und Veranstalter sowie Gäste immer bewusst sein. Wenn ein einseitiges Bild präsentiert wird, kann dies unrealistisch und abschreckend auf die Zuhörerinnen wirken. „Superfrauen", denen alles scheinbar problemlos gelungen ist, kann man nicht nacheifern. Besser ist es, die Hürden und Herausforderungen, die ein MINT-Studium oder -Beruf bereithält, klar zu benennen und von den Strategien zu berichten, wie diese überwunden und bewältigt wurden und wer oder was eine/n dabei unterstützt hat.

Trotzdem sind MINT-Role Models vor allem aus den Feldern Informatik und Technik Ausnahmeerscheinungen in ihren Bereichen. Als Minderheit stehen sie besonders im Fokus der Aufmerksamkeit und werden sehr häufig darauf angesprochen, wie sie als Frau denn auf dieses Studium oder diesen Beruf gekommen seien. Diese verstärkte Aufmerksamkeit wollen viele gar nicht, aber sie müssen damit umgehen, dass sie in einem gewissen Sinne Exotinnen sind. In ihrer Präsentation als Role Models können sie betonen und hervorheben, wie normal es für sie war und ist, sich für diese Themen zu interessieren, womit sie den zuhörenden Studentinnen oder Schülerinnen einen wichtigen Anknüpfungspunkt und eine Identifikationsmöglichkeit bieten. Deswegen sind reine Mädchen- oder Frauenveranstaltungen im MINT-Bereich so erfolgreich und notwendig, weil die Anwesenden sich nicht als exotische Minderheit fühlen und auch nicht so angesprochen werden.

Man könnte also zusammenfassend sagen, dass wir in der Arbeit mit Role Models eine paradoxe Herausforderung zu bewältigen haben: Wir präsentieren „ganz normale Exotinnen". Und zwischen diesen beiden Polen von Normalität und Ausnahmeerscheinung bewegen sich die Studentinnen und die Ingenieurinnen, die wir vorstellen, tagtäglich. Dafür haben sie vielfältige Strategien entwickelt und dadurch verändern sie ihre Umgebung an den Universitäten, in den Unternehmen und Organisationen, in denen sie arbeiten, jeden Tag ein kleines bisschen und befördern auf diese Weise den dringend notwendigen Kulturwandel.

Literatur

Allmendinger, Jutta, und Julia Haarbrücker. 2013. Lebensentwürfe heute. Wie junge Frauen und Männer in Deutschland leben wollen, Discussion Paper. Wissenschaftszentrum Berlin für Sozialforschung (WZB), Forschungsschwerpunkt Bildung, Arbeit und Lebenschancen, No. P 2013-002.

Bandura, Albert. 1997. *Self-efficacy: The exercise of control.* New York: W. H. Freeman.

Buchmann, Marlies, und Irene Kriesi. 2012. *Geschlechtstypische Berufswahl: Begabungszuschreibungen, Aspirationen und Institutionen. Kölner Zeitschrift für Soziologie und Sozialpsychologie Sonderhefte*, S. 256–280. Wiesbaden: Springer Fachmedien.

Buhr, Regina, und Catrina Grella. 2011. Frauenbilder – Vorbildfrauen „MINT-Role Models". In *mst|femNet meets Nano and Optics. Bundesweite Mädchen-Technik-Talente-Foren in MINT – mäta*, Hrsg. Regina Buhr und Bettina Kühne, S. 51–57. Berlin :Selbstverlag Institut für Innovation und Technik.

Handreichung „Handbuch für Role Models" des Vereins Deutscher Ingenieure und des Nationalen Pakts für Frauen in MINT Berufen (2013).

Kaiser, Simone, Katharina Hochfeld, Elena Gertje, und Martina Schraudner. 2012. *Unternehmenskulturen verändern – Karrierebrüche vermeiden.* Stuttgart: Fraunhofer.

Price-Mitchell, Marilyn. 2013. http://www.rootsofaction.com/what-is-a-RoleModel-five-qualities-that-matter-for-RoleModels/. Zugegriffen: 21 Nov. 2013.

Sarrazin, Thilo. 2010. *Deutschland schafft sich ab. Wie wir unser Land aufs Spiel setzen.* München: Deutsche Verlags-Anstalt.

Solga, Heike, und Lisa Pfahl. 2009. Doing Gender im technischnaturwissenschaftlichen Bereich. In *Förderung des Nachwuchses in Technik und Naturwissenschaft,* Hrsg. Joachim Milberg, 155–219. Berlin: Springer.

Trappe, Heike. 2006. Berufliche Segregation im Kontext. Über einige Folgen geschlechtstypischer Berufsentscheidungen in Ost- und Westdeutschland. *Kölner Zeitschrift für Soziologie und Sozialpsychologie* 58:50–78.

Martina Battistini leitet seit 2009 den Programmbereich „Schüler/innen" bei der Femtec. GmbH und ist verantwortlich für die Orientierungs- und Motivationsprogramme für Mädchen und Jungen, die sich für MINT-Studienfächer und -Berufe interessieren. Im Projekt „Technik braucht Vielfalt", in dem bundesweit erstmalig regionale Netzwerke zwischen Hochschulen und Migrantenselbstorganisationen aufgebaut wurden, um mehr Mädchen aus Zuwandererfamilien für ein MINT-Studium zu gewinnen, hatte sie die Projektleitung inne.

Die gelernte Diplom-Politikwissenschaftlerin (Schwerpunkt Arbeitsmarkt-, Frauen- und Bildungspolitik) und Journalistin ist seit dem Jahr 2000 im Bereich Nachwuchsförderung für Schülerinnen und Schüler in MINT aktiv, und zwar sowohl im Bereich Hochschule/ Studium als auch im Bereich Duale Berufsausbildung. Seit 2013 arbeitet Battistini im Nationalen MINT-Forum in der Arbeitsgruppe „Begabungsreserven" mit. Sie konzipierte für die Universität Potsdam die erste Brandenburgische Sommer-Universität für Schülerinnen in Naturwissenschaft und Technik, die sie von 2000 bis 2002 leitete. Von 2003 bis 2008 wirkte Martina Battistini in verschiedenen europäischen Projekten beim Berliner Bildungsdienstleister LIFE e. V. mit, der vielfältige Orientierungs-, Berufsvorbereitungs- und Ausbildungsangebote für Mädchen und Frauen in technischen, handwerklichen und IT-Berufen sowie Qualifizierung und Beratung für Ingenieurinnen anbietet.

Sensibilisierung von Lehrenden, aber wofür?

Von „Frauen in MINT" zu „Gender Studies in MINT"

Corinna Bath

Kurzfassung

Der Beitrag von Corinna Bath stellt vor dem Hintergrund des aktuellen gesellschaftlichen Konsenses, mehr Frauen für die MINT-Fächer gewinnen zu wollen, die Frage, was Gender bedeuten und was genau der Gegenstand von Gendersensibilisierungen der Lehrenden in MINT sein kann und soll. Dem Alltagsverständnis der Zweigeschlechtlichkeit und den Tendenzen in Werbung und Marketing, nicht nur Menschen, sondern auch Produkte in blau und rosa einzuteilen, wird ein konstruktivistisches Geschlechter-Technik-Verständnis gegenüber gestellt. Auf dieser theoretischen Basis verschieben sich Ziel und Fokus von Maßnahmen zur Gendersensibilisierung von Lehrenden in MINT, von Frauen und monoedukativen Ansätzen hin zur Reflektion eigener Anteile an binären Geschlechterkonstruktionen und zur kritischen Auseinandersetzung mit Vergeschlechtlichungen von naturwissenschaftlichen Erkenntnissen und technischen Produkten.

C. Bath (✉)
Technische Universität Braunschweig
Braunschweig, Deutschland
E-Mail: c.bath@tu-bs.de

© Springer Fachmedien Wiesbaden 2015
S. Augustin-Dittmann, H. Gotzmann (Hrsg.), *MINT gewinnt Schülerinnen,*
DOI 10.1007/978-3-658-03110-7_7

1 Einleitung

Vor mehr als 20 Jahren fragte Angelika Wetterer erschrocken, was mit der Frau-
en- und Geschlechterforschung passiert sei, wenn Konzepte dieses Felds in das
CDU-Parteiprogramm Eingang gefunden haben – ein damals neues Phänomen
(vgl. Wetterer 1992). Die Frauen- und Geschlechterforschung war in den 1970er
Jahren als ein primär gesellschafts- und wissenschaftskritisches Projekt angetre-
ten, das zunächst unabhängig von traditionellen Institutionen entwickelt werden
musste und sich vielfach auch inhaltlich jenseits der mit den Zentren der Macht
verbundenen Logiken verortete. Die Position des ‚Außerhalb‘ oder Marginalisier-
ten gehörte zum Selbstverständnis. Sie wurde vielfach gerade als eine Stärke der
Frauen- und Geschlechterforschung verstanden.

Seither haben umfangreiche Institutionalisierungsprozesse stattgefunden. An
den Hochschulen wurde die Gleichstellung fest verankert. Vielerorts entstanden
Zentren für Gender Studies. Mancherorts wurden eigene Studiengänge für Gender Studies aufgebaut, an der Berliner Humboldt-Universität beispielsweise mit
durchgängiger Qualifizierung vom Bachelorabschluss bis zur Habilitation. Geschlechterforschung in den MINT-Fächern ist jedoch in Forschung und Lehre selten vertreten. Nur eine Handvoll Professuren mit Gender-Denomination sind in
diesen Disziplinen an deutschen Hochschulen angesiedelt. Dementsprechend sind
auch die Erkenntnisse der „Gender and Science"- oder der Geschlechter-Technik-
Forschung in den Natur- und Ingenieurwissenschaften kaum bekannt.

Im Vergleich dazu scheint es in den MINT-Bereichen heutzutage nicht mehr
erklärungsbedürftig zu sein, Maßnahmen einzurichten und durchzuführen, die
darauf zielen, Mädchen und junge Frauen für ein naturwissenschaftliches oder
technisches Studium oder einen ingenieurwissenschaftlichen Beruf zu begeistern.
Spätestens seit dem von Angela Merkel unterstützten Nationalen Pakt für Frauen
in MINT-Berufen „Komm, mach MINT." gehört es in Wissenschaft wie Wirtschaft
zum guten Ton, sich an Initiativen wie diesen zu beteiligen. Noch nie gab es einen
solch breiten gesellschaftlichen Konsens, mehr Frauen in Naturwissenschaft und
Technik zu wollen. Noch nie gab es so zahlreiche, vielfältige und umfangreiche
Fördermaßnahmen für Frauen in MINT wie heute (auch wenn darüber nicht vergessen werden sollte, dass solche Programme auch schon in den 1980er Jahren
existierten).

Dennoch lässt sich im Anschluss an Wetterer fragen: Was haben wir damit ge-
wonnen, dass „Frauen in MINT" im Mainstream angekommen ist? Welche Konsequenzen hat die breite Anerkennung von Maßnahmen, um Mädchen und junge
Frauen für MINT-Fächer und -Berufe zu interessieren und wo entstehen neue Herausforderungen? In diesem Beitrag möchte ich angesichts der Aufbruchsstimmung

um „Schülerinnen in MINT" noch einmal einen Schritt zurücktreten und aus einer kritischen Geschlechterforschungsperspektive fragen, was Gender in MINT bedeuten kann und soll. Denn erst dann, wenn dieses Verständnis geklärt ist, können wir zum Kern der vom Workshop „Gendersensibilisierung von Lehrenden" aufgeworfenen Frage danach, wofür genau sensibilisiert werden soll, diskutieren. Im Folgenden werde ich drei Arten des Geschlechterwissens in MINT differenzieren: Alltagsfragen, Ansätze der Geschlechterforschung und binäre Verständnisse in Werbung und Marketing. Davon ausgehend diskutiere ich drei Strategien, wie Lehrende für Gender in MINT sensibilisiert werden können: (1) die Vermittlung von Erkenntnissen über monoedukative Angebote, (2) die Reflektion über die eigene Beteiligung an geschlechtsspezifischen Zuschreibungen und (3) die Erkenntnisse über vergeschlechtlichte technische Produkte, die im Sinne forschenden Lernens gemeinsam mit Lernenden „ent-vergeschlechtlicht" werden können.

2 Wie wird Gender in MINT gedeutet?

Worüber wird eigentlich gesprochen, wenn von „Gender" in MINT die Rede ist? Was wird dabei implizit angenommen bzw. unterstellt? Außerhalb des kleinen Kreises derjenigen, die sich tiefergehend mit Gender Studies beschäftigt haben, ist häufig bereits unklar, was Begriffe wie Geschlecht, Gender und Gender Studies bedeuten. Geht es um Geschlechterdifferenzen, d. h. die Unterscheidung von Menschen in Frauen und Männer, und die Frage, was Weiblichkeit und Männlichkeit charakterisiert? Zielt Geschlechterforschung auf Frauenförderung oder Gleichberechtigung zwischen den Geschlechtern, d. h. ist sie ein emanzipatorisches Projekt? Ist sie also eine Anwendungswissenschaft, die mit Gleichstellung gleichzusetzen ist? Oder sind Gender Studies eher mit Feminismus verbunden, d. h. als ein politisches Projekt zu verstehen? Was haben sie dann mit fundierter wissenschaftlicher Arbeit zu tun?

Mit solchen Fragen bin ich in meiner alltäglichen Arbeit als Geschlechterforscherin in vielfältigen Kontexten immer wieder konfrontiert. Ich freue mich, wenn diese Fragen als Fragen an mich herangetragen und nicht unausgesprochen als Vorurteile unterstellt werden. Denn so werden sie diskutierbar. Sie zeigen den großen Diskussions- und Vermittlungsbedarf. Insbesondere in den MINT-Fächern ist wenig bekannt, dass Geschlechterforschung die komplexen sozio-materiellen Herstellungsprozesse von Weiblichkeit und Männlichkeit, von Frauen und Männern sowie des Zweigeschlechtersystems untersucht, mithin Geschlecht dekonstruiert.

In den Gender Studies wird mit Butler (1991) und vielen anderen[1] davon ausgegangen, dass Geschlecht nichts Feststehendes ist, das letztendlich an Körpern
festgemacht werden kann. Geschlecht wird vielmehr als eine Norm verstanden, die
alltäglich in Interaktionen und Zuweisungen neu wieder hergestellt werden muss.
Zweigeschlechtlichkeit wird fortlaufend in sozialen Prozessen mit Bezug auf Be-
stehendes konstruiert und rekonstruiert. Insbesondere das körperliche Geschlecht
gilt demgegenüber im Alltag als gegeben und weitgehend unveränderlich. Viele
Ethnien kennen jedoch drei und mehr Geschlechter. Vor 200 Jahren wurde häufig
von nur einem Geschlechtskörper ausgegangen (vgl. Laqueur 1992 oder kritisch
dazu Voß 2010), während wir heute zwei (und nur zwei) unterschiedliche identifizieren. Historische und interkulturelle Perspektiven zeigen oftmals, dass das
uns Selbstverständliche nicht so sein muss, wie es die Alltagstheorien der Zweigeschlechtlichkeit (Hagemann-White 1984; Wetterer 2010) nahe legen.

Aus dem gewandelten Verständnis von Geschlecht folgt auch eine Rekonzepti-
onalisierung von Geschlechter-Technik-Verhältnissen. Die feministische Technik-
anthropologin Lucy Suchman weist auf Ähnlichkeiten in der Materialisierung von
Körperlichem und von Dinglichem oder Technischem hin, welche sie mit Bezug
auf das Konzept der posthumanistischen Performativität (Barad 2003) als Effekte
iterativer Prozesse fasst:

> Butler argues that 'sex' is a dynamic materialization of always contested gender
> norms: similarly, we might understand 'things' or objects as materializations of more
> or less contested, normative figurations of matter. […] Technologies, like bodies, are
> both produced and destabilized in the course of these reiterations. (Suchman 2007,
> S. 272)

Diese Materialisierungsprozesse – sei es die Vergeschlechtlichung von Körpern
oder die Entstehung von Technik – können allerdings auch scheitern. Sie müssen
sogar in dem Sinne notwendig scheitern, dass es kein Original gibt, das exakt ko-
piert oder dem sich iterativ angenähert werden kann. In jedem Versuch, Frau oder
Mann typisch verkörpern zu wollen, ist das Fehlschlagen von vornherein angelegt.
Ebenso wenig kann Technik Realität exakt abbilden. Vielmehr muss sie ständig
neu angepasst werden, z. B. an die Nutzerinnen und Nutzer und ihre Kultur, also
iterativ gestaltet werden. Sie ist im Zuge dessen jedoch schon realitätswirksam
und verändert letztere. Materialisierungen von Technik und von Geschlecht erfolgen damit nicht nur in sozio-technischen Kontexten: Es gibt Widerstände und

---

[1] Vgl. etwa den Ansatz des „Doing Gender", der in der Tradition des symbolischen Interakti-
onismus steht (West und Zimmermann 1987, Gildemeister und Wetterer 1992, Gildemeister
2008).

Umdeutungen, Widersprüche und Machtverhältnisse, die in Entscheidungen und Handlungen hineinspielen. Sie sind zugleich in dem Sinne politisch, als sich im Zuge dieser Materialisierungen Bedeutungen und Realitäten verändern – und dies nicht nur negativ, sondern womöglich auch in Richtung einer gerechteren Welt. Trotzdem wirken Technik wie Geschlecht am Ende häufig so, als hätten sie nicht anders sein können.

Das Konzept der posthumanistischen Performativität (Barad 2003) erlaubt es, Geschlecht und Technik als Ko-Produktion im Sinne einer gleichzeitigen Hervorbringung zu denken (vgl. Bath 2011). Die lange Zeit dominanten Denkweisen einseitiger Kausalität – dass Technik in bestimmter Weise die Arbeits- und Lebenswelten von Frauen beeinflusst und dass sich Geschlecht, z. B. eine bestimmte Art von Männlichkeit, in Technik einschreibt – werden korrigiert und ausdifferenziert. Der Ansatz der Koproduktion von Technik und Geschlecht verschiebt den Blickwinkel von Frauen auf die Vergeschlechtlichung von Technik und technischen Kulturen. Er wird in den Natur- und Ingenieurwissenschaften jedoch kaum wahrgenommen.

Das liegt unter anderem daran, dass die Natur- und Ingenieurwissenschaften sich selbst als ein neutrales, objektives Feld verstehen, zugleich aber gesellschaftlich bedeutsam und in ihren Bedeutungen hart umkämpft sind. Medien wie Populärwissenschaft stellen in Bezug auf die MINT-Fächer eher Geschlechterunterschiede heraus als Unterschiede innerhalb der Genusgruppen, z. B. verschiedene Männlichkeitskonstruktionen. Sie legen ein Verständnis von Geschlecht zugrunde, das mit dem zweigeschlechtlichkeitskritischen Verständnis der Gender Studies kaum vereinbar ist. Speziell in der Werbung und dem Marketing erlangen geschlechtsspezifische Kompetenz-Zuschreibungen ein Ausmaß, das die Frauen in MINT-Initiativen auszuhöhlen droht.

So hat sich der Spielzeug-Markt in den letzten Jahrzehnten nicht nur zunehmend ausdifferenziert. Vielmehr stellt Technikkompetenz dabei einen wesentlichen Faktor der Geschlechterdifferenzierung dar. Während beispielsweise Lego in den 1950er und 1980er Jahren noch als geschlechtsneutrales Spielzeug verstanden werden konnte und dies auch in der Werbung entsprechend zum Ausdruck kam, gibt es heute Lego-Technik „for men", während Mädchen mit in rosa oder lila gehaltenen Häusern und Puppen spielen dürfen.[2] Ferrero kreierte im August 2012 ein spezifisches Überraschungei für Mädchen, in dem keine Teile mehr zusammenzubasteln sind. Denn Mädchen bevorzugten angeblich ganze Figuren. Auch der

---

[2] Vgl. hierzu die gelungenen geschlechterkritischen historischen Rekonstruktionen der Lego-Werbestrategie von Anita Sarkeesian in Feminist Frequency unter: https://www.youtube.com/watch?v=CrmRxGLn0Bk&feature=player_embed8ded (Teil 1: LEGO Friends), https://www.youtube.com/watch?v=oe65EGkB9kA&feature=player_embedded (Teil 2: The LEGO Boys Club).

Otto-Online-Versand stimmt ein in den Kanon, Frauen Technikinkompetenz bzw. keine mathematischen Fähigkeiten zu unterstellen, indem dort im Frühjahr 2013 ein Long-T-Shirt für Mädchen angeboten wurde, das die Aufschrift „In Mathe bin ich nur Deko" trug. Die geschlechtsspezifischen Erwartungshaltungen, die durch solche Werbung markt- und geschlechterdifferenziert zum Ausdruck gebracht werden, wirken den „Frauen in MINT"-Initiativen entgegen. Auch wenn wir die Wirkungen nicht genau fassen können, wird deutlich, dass es Initiativen wie „Komm, mach MINT," angesichts solcher Entwicklungen schwer haben. Es drängt sich die Frage auf, welche Seite den Wettlauf wirksamer Präsentationen gewinnen wird: die Werbung, Frauen für die MINT-Fächer zu gewinnen oder diejenige, sie durch Kompetenzabsage davon abzuhalten.

Im Kontext der Tagung „MINT gewinnt Schülerinnen" und speziell des Workshops „Sensibilisierung von Lehrenden" stand allerdings eher die Frage des produktiven Umgangs mit der vorliegenden Situation. Wie lässt sich an die verschiedenen Arten des Geschlechterwissens anknüpfen? Und was können wir hier von bisherigen Erfahrungen und Forschungen lernen?

3   Maßnahmen zur Sensibilisierung von Lehrenden

Drei bereits lange Zeit verfolgte Strategien, um Lehrende für Gender in MINT zu sensibilisieren, bestehen darin, sie mit Erkenntnissen über 1. monoedukative Lehrangebote, 2. ihrer eigenen Beteiligung daran, geschlechtsstereotypes Verhalten mit zu produzieren und 3. mit Ergebnissen der Geschlechter-Technik-Forschung insbesondere in Bezug auf die Vergeschlechtlichung von Fakten und Artefakten zu konfrontieren. Auch im Workshop hatten wir diese drei Zugänge diskutiert.

3.1   Monoedukation

Die Idee monoedukative Lehrangebote einzurichten, um besonders Schülerinnen in den MINT-Fächern zu fördern, entstand unter anderem aus Beobachtungen in der 1980er Jahren, dass signifikant viele Frauen, die natur- oder technikwissenschaftliche Fächer studierten, aus den damals kaum noch vorhandenen Mädchenschulen kamen (vgl. Roloff 1989). Es wurde davon ausgegangen, dass im geschlechtergetrennten Unterricht besser auf die Bedürfnisse und Situationen von Mädchen eingegangen werden kann, Mädchen sich durch die fehlende Anwesenheit von Jungen leichter naturwissenschaftlich-technische Kompetenzen aneignen können und es umgekehrt auch Lehrenden leichter fällt, diesen die Kompetenzen in MINT-Fächern zuzuschreiben. Naturwissenschaftlich-technische Lernangebote nur für Frauen wurden in den 1990er Jahren in Form von Frauencomputerschulen, Frauenrechnerräumen oder Frauentutorien an den Universitäten etabliert. Später folgten Sommerschulen und Studiengänge nur für Frauen, etwa die informatica feminale, die meccanica feminale oder der internationale Studiengang Informatik an der Hochschule Bremen sowie an der Hochschule für Technik und Wirtschaft Berlin.

Die monoedukativen Sommerschulen und Studiengänge können bezüglich des Zulaufs und der Abschlüsse als Erfolg bezeichnet werden (vgl. Kraft 2010; Schreiber 2010). Andere Maßnahmen wie geschlechtergetrennte Tutorien konnten sich dagegen nicht längerfristig durchsetzen. Insbesondere in den Schulen sind monoedukative Angebote sehr umstritten. Dabei zeichnet sich ein Wandel der Einschätzung von Seiten der Geschlechterforschung ab. Wurden sie vor einigen Jahren noch als „paradoxe Intervention" (vgl. Gransee 2000) verstanden, so über- wiegt heute die Kritik an der binären Klassifikation von Geschlecht, die damit dramatisiert statt aufgeweicht werde (vgl. Faulstich-Wieland 2011). Auch in unse- rem Workshop zur Gendersensibilisierung spiegelte sich dieser Forschungsstand in den Diskussionen der Beteiligten. Monoedukative Angebote im MINT-Bereich laufen darüber hinaus Gefahr, die oben beschriebenen aktuellen Werbestrategien, die Mädchen Technikkompetenz abschreiben, zu unterstützen und damit kontra- produktiv zu wirken, da sie nicht auf die Überwindung von (vermeintlichen) Ge- schlechterdifferenzen zielen.

3.2 Reflektion des eigenen Anteils an binären Geschlechterkonstruktionen in MINT

Demgegenüber zielt die zweite Strategie der Gendersensibilisierung von Lehren- den, die im Workshop diskutiert wurde, darauf, dass sich Lehrende eigener ge- schlechterdifferenter Zuschreibungen bewusst werden. Bis zur Debatte um Jungen als Bildungsverlierer belegten empirische, oft quantitative Studien der Schul- und Hochschulforschung immer wieder, dass männliche wie weibliche Lehrende den Schülern mehr Kompetenz im naturwissenschaftlich-technischen Unterricht un- terstellten als den Schülerinnen, z. B. indem sie Jungen mehr Redezeit gewährten, ihnen durch entsprechendes Fragenstellen und Drannehmen mehr Chancen gaben, sich unter Beweis zu stellen, und ihre Arbeiten sogar besser bewerteten, während umgekehrt in sprachlichen Fächern für die Mädchen Ähnliches festgestellt worden ist. Der Aufbau solcher Studien zeigte, dass diese geschlechtsspezifischen Kom- petenzzuschreibungen nicht oder nur selten bewusst vorgenommen wurden. Die

Lehrkräfte glaubten vielmehr, dass sie Mädchen und Jungen gleichbehandelten. Deshalb sei eine Reflektion des eigenen Handelns von Lehrenden maßgebliche Grundlage für Veränderungen in Richtung der Gleichstellung.

Aktuelle Studien deuten darauf hin, dass diese Phänomene noch subtiler und widersprüchlicher vonstatten gehen als zunächst angenommen. Inka Greusing (i. E.) untersucht beispielsweise die aktiven Lehrkräfte eines Projekts, das speziell für Schülerinnen konzipierte Angebote aus den Natur- und Technikwissenschaften an einer technischen Universität organisiert und durchführt. Ziel des Projekts ist es, diese Mädchen für ein Studium der MINT-Fächer zu gewinnen. Es kann davon ausgegangen werden, dass die beteiligten wissenschaftlichen Mitarbeiter gegenüber der Förderung von Frauen im MINT-Bereich positiv eingestellt sind, nicht zuletzt aufgrund ihres großen Engagements für das Projekt. Greusing kann jedoch mit Interviews überzeugend belegen, dass diese Einstellung zumeist auf einem dualistischen Verständnis von Geschlecht und einer Defizitannahme basiert:

> Der Grund für die starke Unterrepräsentanz von Frauen in den Ingenieurwissenschaften wird in einer dualistischen, einander ausschließenden Geschlechterdifferenz gesehen. […] Frauen werden als defizitär gegenüber den Männern wahrgenommen. Ihnen fehlt etwas, was die Männer haben, nämlich ein Interesse an MINT-Fächern. […] Frauen [werden] somit außerhalb des Feldes der Ingenieurwissenschaften positioniert. Männern wird implizit die innere Welt, das Feld der Ingenieurwissenschaft zugewiesen. (Greusing i. E.)

Um den sich daraus ergebenden Widerspruch aufzulösen, dass die Befragten durchaus kompetente Kolleginnen kennen, beschreiben sie diese als „Ausnahmefrauen". Durch solche Ausnahmefrauen würden die Ingenieurwissenschaften allerdings nicht geschlechtsneutraler, im Gegenteil. Jene Frauen würden als „vermännlicht" konzipiert. Durch die Konstruktion von „Ausnahmefrauen" bleibt die postulierte Geschlechterdifferenz und die symbolische Grenzziehung zwischen „männlicher" Innenwelt und „weiblicher" Außenwelt intakt. Ebenso wenig führe der Widerspruch, dass Frauen in den Mathematikprüfungen am Anfang des Studiums prozentual seltener durchfallen als Männer nicht dazu, die Vorstellung, dass Mathematik eine Hürde für Frauen darstelle und sie von einem ingenieurwissenschaftlichen Studium abhalte, zu revidieren. Stattdessen werden die Grenzen zwischen Innen und Außen des Faches oder Binnendifferenzierungen innerhalb von Fächern errichtet und geschlechtersymbolisch aufgeladen. Greusing plädiert deshalb dafür, nicht nur eine faktische, sondern auch eine symbolische Zugehörigkeit von Frauen zu den Ingenieurwissenschaften zu beanspruchen und dabei bei den Fachkulturen anzusetzen.

In einer weiteren Studie befragten Tanja Paulitz und Bianca Prietl (2013) Fach-vertreterinnen und Fachvertreter aus den Natur- und Technikwissenschaften an ös-terreichischen Hochschulen nach ihrem jeweiligen Fachverständnis. Jene stellten je nach Disziplin unterschiedliche Aspekte als wesentliche Voraussetzungen für ein erfolgreiches Studium oder eine erfolgreiche wissenschaftliche Tätigkeit in ihrem Bereich heraus: mal waren dies gute Mathematikkenntnisse, mal ein starkes Interesse an Technik. Die Charakterisierungen der für den jeweiligen Bereich not-wendigen Fähigkeiten variierten stark. Paulitz und Prietl konnten jedoch als ein durchgängiges Muster im empirischen Material die Struktur herausarbeiten, dass die Fachvertreterinnen und -vertreter in der Regel genau das als wesentlich für das Fach benannten, was diese zu einem späteren Zeitpunkt im Interview Frauen als Fähigkeit oder Interesse absprachen – und zwar unabhängig davon, ob die Inter-views mit Frauen oder Männern geführt worden sind. Implizit glauben die Fach-vertreterinnen und -vertreter somit, dass Frauen gerade diejenigen Kompetenzen nicht mitbringen, die sie als Kern des eigenen Faches definieren.

Dieses Ergebnis wäre für den Kontext der Schulen noch zu überprüfen. Es weist jedoch darauf hin, dass Geschlechterzuweisungen von Kompetenzen im MINT-Bereich vielschichtig und widersprüchlich sind. Nicht nur die explizite Verknüp-fung von naturwissenschaftlich-technischer Kompetenz und Geschlecht ist zu un-tersuchen. Vielmehr geben auch Fachverständnisse und Fachkulturen Hinweise auf bislang nicht hinterfragte Annahmen, die Lehrkräfte reflektieren und revidieren sollten, um letztendlich nicht selbst, wenngleich in der Regel ungewollt am struk-turellen Ausschluss von Frauen aus den MINT-Fächern mitzuwirken.

Die Reflektion über Selbstverständnisse von Lehrenden stellt sich somit insge-samt als ein komplexes Unterfangen dar. Es sind dabei nicht allein Unterschiede zwischen dem Sagen und Denken einerseits und dem Handeln andererseits zu be-rücksichtigen, wie es die ersten Studien nahe legten. Vielmehr gilt es, die vielfäl-tigen Varianten des Geschlechterwissens ebenso wie die Vorstellungen von Fach und Fachkultur bewusst zu machen. Ein wesentlicher Ansatzpunkt ist dabei die Annahme dualistischer Geschlechterdifferenzen, die den skizzierten Studien zu-folge unterschiedliche, teils auch widersprüchliche Zuschreibungen und Argumen-tationen hervorbringen kann.

Angelika Wetterer weist mit dem Begriff der rhetorischen Modernisierung (Wetterer 2003) noch auf einen weiteren, für diesen Kontext relevanten Aspekt hin. Diskriminierung und Ungleichbehandlung seien ihres Erachtens heutzutage nicht mehr denk- und sagbar. Wir sind zur Geschlechtergerechtigkeit und Gleich-stellung offiziell verpflichtet und geben diese im Sinne sozial erwünschten Verhal-tens tendenziell als Ziel eigenen Tuns an, wenn wir gefragt werden. Gleichzeitig weisen unsere Handlungen – wie empirische Studien immer wieder belegen – jedoch ein deutliches „Doing Gender" auf, welches Geschlechterdifferenzen entlang traditioneller Stereotype und lange bestehender Hierarchien reproduziert. Dieses geschlechterherstellende Verhalten werde allerdings aktuell nicht mehr strukturell kritisiert und versucht gesellschaftlich zu verändern – so wie dies etwa die Frauenbewegung seit den 1970er Jahren beanspruchte –, sondern als freie Wahl der Individuen deklariert. In der neoliberalen Verschiebung, Zweigeschlechtlichkeit und Ungleichheit zwischen den Geschlechtern herstellende Praktiken als eigene, freiwillige Entscheidungen zu legitimieren, besteht eine weitere Strategie, die es aufzuschlüsseln und zu reflektieren gilt, um der Fortsetzung des problematischen Doing Gender von Lehrenden in MINT entgegenwirken zu können.

Dieser Ansatz, die eigene Beteiligung an der Konstruktion von Zweigeschlechtlichkeit und von geschlechterdifferenten Kompetenzzuschreibungen zu reflektieren, wurde im Workshop durchgehend positiv beurteilt und seine Notwendigkeit mit vielen praktischen Beispielen belegt. Welche Maßnahmen der Intervention dabei geeignet sind, ist jedoch offen geblieben. Auch die Diskussion des Forschungsstands verdeutlicht diese Schwierigkeit, Reflektionen über eigene Denkmuster bei den Lehrenden anzuregen.

3.3 Vergeschlechtlichte naturwissenschaftliche Erkenntnisse und vergeschlechtlichte technische Produkte

Einen dritten Ansatzpunkt der Sensibilisierung von Lehrenden für Gender in MINT bieten die Erkenntnisse der Geschlechterforschung in den Natur- und Technikwissenschaften, welche die Vergeschlechtlichung der Inhalte und Produkte dieser Fächer aufzeigen. Vielfach kritisch beleuchtet wurden beispielsweise die geschlechtsbeladenen Verzerrungen in den biologischen Wissenschaften (vgl. etwa Ebeling und Schmitz 2006). Doch auch für die Ingenieurwissenschaften und Informatik lässt sich zeigen, dass technische Produkte in dem Sinne vergeschlechtlicht sein können, dass Geschlecht und andere Kategorien sozialer Ungleichheit in deren Methoden und Artefakte eingeschrieben werden. Vor dem Hintergrund der oben angesprochenen geschlechterdifferenzierten Werbung für Spielzeuge und generell angesichts des massiv zunehmenden Gendermarketings, das eine klare Unterscheidung von Mädchen und Jungen voraussetzt und mit den Artefakten für Mädchen Technikinkompetenz unterstellt, erscheint mir diese Perspektive höchst relevant. Insbesondere Lehrende an den Hochschulen, die Studierende der Ingenieurwissenschaften, aber auch im Lehramt unterrichten, sollten sich der Relevanz dieser Aspekte bewusst sein und sie nach Möglichkeit in ihre Lehrveranstaltungen integrieren.

Im Rahmen eigener Arbeiten (Bath 2009, 2014) hatte ich dabei vier Dimensionen der Vergeschlechtlichung technischer Produkte unterschieden: Erstens: strukturell bedingte Ausschlüsse bestimmter Nutzungsgruppen von der Technik durch die sogenannte „I-methodology" (Akrich 1995; Rommes 2002). Wenn Technik in der Regel in männlich dominierten, homosozialen Gruppen entwickelt wird, schreiben diese Technikentwicklungsgruppen – häufig unbewusst – ihre eigenen Anforderungen und Wünsche in die Technik ein. Nutzerinnen und Nutzer mit anderen Interessen, anderen Zugängen und anderem Bedienungswissen können die Artefakte deshalb häufig nicht uneingeschränkt nutzen oder müssen mehr Aufwand dafür betreiben. Beispiele hierfür sind intelligente Häuser (Berg 1999), die materielle Hausarbeit bis heute kaum unterstützen, oder die digitale Stadt Amsterdam, bei der die Entwicklerinnen und Entwickler die Nutzung trotz des Anspruchs des „XS 4all" unbedacht für viele erschwert haben (Rommes 2002; Oudshoorn et al. 2004).

Ein zweiter Modus der Vergeschlechtlichung technischer Artefakte besteht in der Einschreibung von vorherrschender geschlechtshierarchischer Arbeitsteilung oder von Stereotypen, z. B. dem Vorurteil weiblicher Technikinkompetenz. Beispiele sind hier die frühen Initiativen, „pinke" Computerspiele für Mädchen und Frauen zu entwickeln (zum Girls' Game Movement vgl. Cassell und Jenkins 1998), die aber von der Zielgruppe nicht angenommen wurden, frühe Textverarbeitungssysteme um 1980, unter denen der Textautomat das Bild einer weiblichen Schreibkraft als „ewige Anfängerin" implementierte (vgl. Hofmann 1999), und die anthropomorphe Schnittstellen-Agentin „Siri", welche ein Ideal weiblicher Dienstbarkeit iteriert (Both 2011).

Besonders gut veranschaulichen Rasierapparate diese Problematik. So hat Ellen van Oost (2003) anhand einer historischen Studie über die Firma Philips herausgearbeitet, dass sogenannte Lady Shaver bereits seit den 1950er Jahren produziert wurden. Dabei wurde zunächst nur die äußere Form und Farbe sowie die Verpackung gegenüber den Produkten für die Männer auf vermeintliche Vorlieben von Frauen angepasst. Später, ab den 1970er Jahren, hatten die Rasierer für Männer ein schwarzes, eckiges Design und Displays, die Aspekte des technischen Zustands des Geräts nach außen sichtbar machten. Sie konnten geöffnet und gereinigt werden, während dies bei den Produkten für die Frauen nicht möglich war, ohne das Gerät zu zerstören. Dem funktionalen Design war somit die Annahme der Technikinkompetenz von Frauen fest eingeschrieben, was nur durch Verzicht, den Kauf von Rasierern für Männer oder Zerstörung des Apparats für die Frauen umgangen werden konnte. Van Oost behauptet, dass Philips deshalb nicht nur Rasierapparate, sondern Zweigeschlechtlichkeit produziert.

Eine dritte Dimension der Vergeschlechtlichung gründet auf expliziten Repräsentationen von geschlechtlichen Körpern und Verhaltensweisen in technischen Artefakten, z. B. Avatare und Spielfiguren in Computerspielen oder menschenähnliche Softwareagenten und Roboter (vgl. Weber und Bath 2007). Diese können Geschlecht stereotyp bis hypersexualisiert darstellen und damit unrealistische und nur durch Operationen herstellbare, geschlechtliche Körperbilder produzieren. Die Interaktionen mit diesen Figuren legen bestimmte vergeschlechtlichte Verhaltensweisen nahe. Damit tragen die Technologien zur Normalisierung von zweigeschlechtlich markierten Körpern und Verhaltensweisen bei.

Der vierte Bereich umfasst Algorithmen, Modellierungssprachen und epistem-onto-logische Annahmen der Grundlagenforschung, die ebenso vergeschlechtlichte Verzerrungen aufweisen können, aber durch Abstraktion und De-Kontextualisierung sowie traditionelle Objektivitätsauffassungen schwieriger zu erkennen und herauszuarbeiten sind. Ein Beispiel sind hier Algorithmen, die im Kontext der Computertomographie eingesetzt werden, um Bilder „vom Gehirn in Aktion" aus Rohdaten zu erzeugen. Zwei dieser Standardalgorithmen lieferten bezogen auf den gleichen Datensatz unterschiedliche Ergebnisse: einmal einen signifikanten Unterschied zwischen den Gehirnen von Frauen und Männern, beim anderen war diese Differenz jedoch nicht festzustellen (Kaiser et al. 2004). „Im Effekt" bringen die beiden Algorithmen also Geschlecht unterschiedlich hervor. Ein weiteres Beispiel stellen die Ausdruckstärken von Modellierungssprachen, etwa UML in der Objektorientierung oder formale Ontologien beim Semantic Web dar (vgl. Crutzen und Gerissen 2000; Bath 2013).

Für die Lehrenden in den konstruierenden Disziplinen Ingenieurwissenschaften und Informatik bietet der Ansatz, von der Vergeschlechtlichung technischer Artefakte auszugehen, den Vorteil, dass sich solche Analysen in eine alternative Technikgestaltung übersetzen lassen. So verknüpft etwa der beschriebene analytische Ansatz jede Dimension der Vergeschlechtlichung der Artefakte mit methodischen Vorschlägen, die den identifizierten problematischen Vergeschlechtlichungen im Sinne eines De-Gendering entgegenwirken: Der „I-methodology" wird das „User-Centred Design" mit vielfältigen Nutzerinnen und Nutzern und der Einschreibung von Stereotypen zugleich auch das „Participatory Design" entgegengestellt (Greenbaum und Kyng 1991; Hammel 2003). Bei den beiden weiteren Dimensionen gibt es zwar vereinzelt Methoden der Technikgestaltung, die für ein De-Gendering jeweils geeignet erscheinen (beispielsweise „Mind Scripting" Allhutter 2012, „Reflective Design" Sengers et al. 2005 oder „Value-Sensitive Design" Friedman und Kahn 2003), jedoch besteht hier noch ein großer Forschungsbedarf.

In meinen eigenen Lehrveranstaltungen in den Ingenieurwissenschaften erscheint es mir häufig schwierig, Geschlecht als soziale Kategorie direkt zu thematisieren, da jeder explizite Rückgriff Gefahr läuft, die nur wenigen Frauen in den Ingenieurwissenschaften erneut in eine Sonderrolle zu verweisen – selbst wenn die Absicht eher darin besteht, dies ebenso wie Geschlechterdifferenz und Zweigeschlechtlichkeit kritisch zu reflektieren. Hier kann der Bezug auf vergeschlechtlichte Produkte den Einstieg in die Geschlechterforschung erleichtern. Dabei werden die Studierenden zugleich zu Verbündeten in dem Projekt gesellschaftlicher Veränderung gemacht, indem sie selbst in der Kompetenz gefragt sind, für die sie durch das Studium Anleitung suchen. Lernende wie Lehrende erforschen dann gemeinsam, wie sie technische Produkte so konzipieren und gestalten können, dass bereits erkannte problematische Vergeschlechtlichungen vermieden werden.

Dies stellt eine der Möglichkeiten dar, wie das Anliegen der Gendersensibilisierung von Lehrenden mit dem Anliegen der Etablierung von Gender Studies in MINT produktiv verbunden werden kann. Zunächst höchst abstrakt erscheinende Denkweisen der Gender Studies, wie die Kritik an Zweigeschlechtlichkeit und das Konzept posthumanistischer Performativität, machen auf diese Weise auch für die MINT-Fächer Sinn. Angesichts der anfangs skizzierten Kämpfe um die Bedeutung von Gender in MINT und um das Terrain der Natur- und Technikwissenschaften erscheinen solche Wege, Gender Studies für MINT zu nutzen und voranzubringen, vielversprechend. Die Institutionalisierung von Gender Studies in MINT, die auch andere Strategien, Lehrende für Gender in MINT zu sensibilisieren, integriert, steht jedoch noch aus.

4 Fazit

Insgesamt hat sich gezeigt, dass die theoretische Verschiebung des Fokus von Frauen und Alltagsverständnissen der Zweigeschlechtlichkeit hin zu einer kritischen Auseinandersetzung mit Zweigeschlechtlichkeitskonstruktionen die Maßnahmen zur Gendersensibilisierung von Lehrenden in MINT ergänzt und bereichert. Ausgehend von einem konstruktivistischen Verständnis von Geschlecht geraten die von den Lehrenden selbst vorgenommenen Herstellungsweisen binärer Geschlechter-MINT-Konstruktionen, z. B. nicht intendierte Zuschreibungen von Technikinkompetenz an Mädchen und Frauen, ebenso in den Blick wie problematische Vergeschlechtlichungen von naturwissenschaftlichen Erkenntnissen und technischen Produkten. Auf diese Weise machen die zunächst abstrakt erscheinenden Denkweisen der Gender Studies wie die Kritik an Zweigeschlechtlichkeit und das Konzept posthumanistischer Performativität auch für die MINT-Fächer Sinn.

Angesichts der anfangs skizzierten Kämpfe um die Bedeutung von Gender in MINT und um das Terrain der Natur- und Technikwissenschaften scheinen die hier aufgezeigten Wege, Lehrende nicht nur für „Frauen in MINT", sondern zugleich für „Gender Studies in MINT" zu sensibilisieren, notwendig und vielversprechend. Allerdings besteht im Bereich der „Gender Studies in MINT" noch ein großer Forschungsbedarf, der sich nur durch eine zukünftig angemessene Institutionalisierung decken ließe.

Literatur

Akrich, Madeleine. 1995. User Representations. In *Managing Technology in Society*, Eds. Arie Rip, Thomas Misa und Johan Schot, 167–184. London: Pinter.

Allhutter, Doris. 2012. Mind Scripting: A Method for Deconstructive Design. *Science, Technology & Human Values* 37 (6): 684–707.

Barad, Karen. 2003. Posthumanist Performativity. *Signs Journal of Women in Culture and Society* 28:801–831.

Bath, Corinna. 2011. Wie lässt sich die Vergeschlechtlichung informatischer Artefakte theoretisch fassen? In *Körperregime und Geschlecht*, Hrsg. Kathrin Wiedlack und Karin Lasthofer, 221–243. Innsbruck: Studien.

Bath, Corinna. 2013. Semantic Web and Linked Open Data: Von der Analyse zum „Diffractive Design". In *Geschlechter Interferenzen*, Hrsg. Corinna Bath, Hanna Meissner, Stephan Trinkaus, und Suanne Völker, 69–116. Münster: LIT.

Bath, Corinna. 2014. Searching for methodology. Feminist technology design in computer science, In *Gender in Science and Technology*, Hrsg. Waltraud Ernst und Ilona Horwath, 57–78. Bielefeld: Transcript.

Berg, Anne-Jorunne. 1999. A gendered socio-technical construction. The smart house. In *The Social Shaping of Technology*. 2nd ed., Hrsg. Judy Wajcman und Donald MacKenzie, 301–331. Buckingham: Open University.

Butler, Judith. 1991. *Das Unbehagen der Geschlechter*. Frankfurt a. M.: Suhrkamp

Cassell, Justine, und Henry Jenkins. 1998. *From Barbie to Mortal Combat: Further Reflections*. Cambridge: MIT.

Crutzen, Cecile, und Jack Gerissen, 2000. Doubting the OBJECT world. In *Women, Work and Computerization*, Hrsg. Ellen Balka und Richard Smith, 127–136. Boston: Kluwer.

Ebeling, Smilla, und Sigrid Schmitz. Hrsg. 2006. *Geschlechterforschung und Naturwissenschaften. Einführung in ein komplexes Wechselspiel*. Wiesbaden: VS Verlag für Sozialwissenschaften.

Friedman, Batya, und Peter Kahn. 2003. Human Values, Ethics, and Design. In *The human-computer interaction handbook*, Hrsg. J Jacko und A Sears, 1177–1199. Mahwah: Lawrence Erlbaum Associates.

Gildemeister, Regine. 2008. Doing Gender. In *Handbuch Frauen- und Genderforschung*, Hrsg. Ruth Becker und Beate Kortendiek, 137–145. Wiesbaden: VS Verlag für Sozialwissenschaften.

Gildemeister, Regine, und Angelika Wetterer. 1992. Wie Geschlechter gemacht werden. In *Traditionen Brüche. Entwicklungen feministischer Theorie*, Hrsg. Gudrun-Axeli Knapp, 201–254. Freiburg: Kore.

Gransee, Carmen. 2000. „Paradoxe Intervention" – der Frauenstudiengang Wirtschafts-ingenieurwesen an der Fachhochschule Wilhelmshaven. In Hochschulreform und Geschlecht, Hrsg. Sigrid Metz-Göckel, Christa Schmalzhaf-Larsen und Eszter Belinszki, 56–75. Opladen: Leske u Budrich.

Greenbaum Joan, und Morton Kyng. Hrsg. 1991. *Design at Work. Cooperative Design of Computer Systems.* Hillsdale: Lawrence Erlbaum.

Greusing, Inka. (im Erscheinen). „Wie in der Buddelkiste, wie spielen Mädchen oder wie spielen Jungen". Grenzziehungen – Verknüpfung von Ingenieurwissenschaften mit Geschlechterwissen. In *Neue Technologien aus Perspektiven der aktuellenfeministischen Theoriebildung.*

Lucht, Petra, und Mauss, Bärbel. Hrsg. Hagemann-White, Carol. 1984. *Sozialisation: weiblich – männlich.* Opladen: Leske + Budrich

Hammel, Martina. 2003. *Partizipative Softwareentwicklung im Kontext der Geschlechterhierarchie.* Frankfurt a. M.: Peter Lang.

Hofmann, Jeanette. 1999. Writers, texts and writing acts. In *The Social shaping of technology*, Hrsg. Judy Wajcman und Donald MacKenzie. 2. Aufl., 222–243, Buckingham: Open University Press.

Kaiser, Anelis, Esther Kuenzli, und Cordula Nitsch. 2004. Does sex/gender influence language processing? *NeuroImage* 22(Supl.1) Abstr. No MO39.

Kraft, Nadine. 2010. Monoedukation als Königinnenweg? Starke Frauen aus Bremen. Die informatica feminale. In *Geschlechterforschung in Mathematik und Informatik*, Hrsg. M. Koreuber, 111–114. Baden-Baden: Nomos.

Laqueur, Thomas. 1992. *Auf den Leib geschrieben. Die Inszenierung der Geschlechter von der Antike bis Freud.* Frankfurt a. M.: Campus

Oost, Ellen van. 2003. Materialized Gender: How Shavers Configure the Users' Femininity and Masculinity. In *How users matter. The co-construction of users and technology.* Hrsg. Nelly Oudshoorn und Trevor Pinch, 193–208. Cambridge: MIT Press.

Oudshoorn, Nelly, Els Rommes, und Marcella Stienstra. 2004. Configuring the user as everybody. *Science, Technology & Human Values* 29 (1): 30–63.

Paulitz Tanja, und Bianca Prietl. 2013. Spielarten von Männlichkeit in den „Weltbildern" technikwissenschaftlicher Fachgebiete. *Informatik-Spektrum* 36 (3): 300–308.

Roloff, Christiane. 1989. *Von der Schmiegsamkeit zur Einmischung. Professionalisierung von Chemikerinnen und Informatikerinnen.* Centaurus Pfaffenweiler

Rommes, Els. 2002. *Gender Scripts and the Internet.* Enschede: Twente University.

Ruiz Ben, Esther. 2005. *Professionalisierung der Informatik: Chancen für die Beteiligung von Frauen?* Wiesbaden: Deutscher Universitäts.

Schreiber, Gerlinde. 2010. Monoedukation als Königinnenweg? Der Internationale Frauen-studiengang Informatik an der Hochschule Bremen. In *Geschlechterforschung in Mathematik und Informatik*, Hrsg. Mechthild Koreuber, 115–118. Baden-Baden: Nomos.

Sengers, Phoebe, Kirsten Boehner, Shay David, und Joseph Jofish' Kaye. 2005. Reflective Design. In *Critical Computing – Between Sense and Sensibility*, Hrsg. Olav W. Bertelsen, Niels Olof Bouvin, Peter G. Krogh, und Morton Kyng, 49–58. Red Hook: Aarhus.

Suchman, Lucy. 2007. *Human-Machine Reconfigurations.* Cambridge: Cambridge University Press.

Voß, Heinz-Julrgen. 2010. *Making sex revisited: Dekonstruktion des Geschlechts aus biologisch-medizinischer Perspektive.* Bielefeld: transcript.

Weber, Jutta, und Corinna Bath. 2007. 'Social' Robots & 'Emotional' Software Agents.' In *Gender Designs IT*, Hrsg. Isabel Zorn, et al. 53–63. Wiesbaden: VS Verlag für Sozialwissenschaften.

West, Candace und H. Don Zimmerman. 1987. Doing Gender. *Gender & Society* 1:125–151.
Wetterer, Angelika.1992. Enthierarchisierung oder Dekonstruktion der Differenz. Kritische
    Überlegungen zur Struktur der Frauenförderung. In *Studentinnen im Blick der Hoch-
    schulforschung*, Hrsg. Johanna Kootz und Edith Püschel. Berlin : Selbstverlag der Freien
    Universität Berlin.
Wetterer, Angelika. 2003. Rhetorische Modernisierung: Das Verschwinden der Ungleich-
    heit aus dem zeitgenössischen Differenzwissen. In *Achsen der Differenz. Gesellschafts-
    theorie & feministische Kritik 2*, Hrsg. Knapp Gudrun-Axeli und Angelika Wetterer,
    286–319. Münster: Westfälisches Dampfboot
Wetterer, Angelika. 2010. Konstruktion von Geschlecht: Reproduktionsweisen von Zweige-
    schlechtlichkeit. In *Handbuch Frauen- und Genderforschung*. 3. Aufl. Hrsg. Ruth Be-
    cker und Kortendiek Beate, 126–136. Wiesbaden: VS Verlag für Sozialwissenschaften.

Online

Bath, Corinna. 2009. De-Gendering informatischer Artefakte. Grundlagen einer kritisch-fe-
    ministischen Technikgestaltung. http://elib.suub.uni-bremen.de/edocs/00102741-1.pdf.
Both, Göde. 2011. Agency Und Geschlecht in Mensch/Maschine-Konfigurationen Am Bei-
    spiel von Virtual Personal Assistants. Diplomarbeit am Institut für Informatik, Humboldt-
    Universität zu Berlin. http://edoc.hu-berlin.de/master/both-goede-2011-07-19/PDF/both.
    pdf. Zugegriffen: 6. Okt. 2014.
Faulstich-Wieland, Hannelore. 2011. Koedukation – Monoedukation. In Enzyklopädie Er-
    ziehungswissenschaft Online. http://www.erzwissonline.de/fachgebiete/geschlechterfor-
    schung/beitraege/17090179.htm. Zugegriffen: 6. Okt. 2014.

Prof. Dr. Corinna Bath hat seit Dezember 2012 die Maria-Goeppert-Mayer-
Professur „Gender, Technik und Mobilität" an der Fakultät für Maschinenbau
der Technischen Universität Braunschweig und an der Fakultät Maschinenbau
der Ostfalia Hochschule für angewandte Wissenschaften inne. Sie studierte
Mathematik, Informatik und politische Wissenschaften in Berlin und Kiel
und promovierte 2009 zum Thema „De-Gendering informatischer Artefakte.
Grundlagen einer kritisch-feministischen Technikgestaltung" in der Informatik an der Universität Bremen. Sie war Postdoktorandin am DFG-Graduiertenkolleg „Geschlecht als Wissenskategorie" an der Humboldt-Universität
zu Berlin und arbeitete in verschiedenen Projekten zur Geschlechter-Technik-Forschung u. a. in Wien, Graz und Lancaster. Zuletzt war sie als Gastprofessorin für das Zertifikatstudium GENDER PRO MINT am Zentrum für
Frauen- und Geschlechterforschung der Technischen Universität Berlin tätig.
Aktuelle Publikation im Bereich Gender und MINT-Fächer: Bath, C., Meißner,
H., Trinkaus, S., & Völker, S. (2013). *Geschlechter Interferenzen. Wissensformen – Subjektivierungsweisen – Materialisierungen.* Berlin: Lit-Verlag.

Fazit und Empfehlungen: Was macht MINT-Projekte für Schülerinnen erfolgreich?

Sandra Augustin-Dittmann und Helga Gotzmann

Zwei Fragen waren handlungsleitend für die Veranstaltung „MINT gewinnt Schülerinnen". Erstens: Unter welchen Umständen sind MINT-Projekte für Schülerinnen erfolgreich? Und zweitens: Wie gelingt es, dass sich mehr Schülerinnen für MINT-Berufe entscheiden? In diesem Fazit sollen die Empfehlungen zusammengefasst werden, die in den Workshops der Veranstaltung erarbeitet worden sind und die konkrete Hilfe für die praktische Projektarbeit bieten sollen. Die Empfehlungen beziehen sich also vor allem auf die erste Frage. Sie leisten aber auch einen wichtigen Beitrag zur zweiten Fragestellung, denn nur bei erfolgreichen, „handwerklich" gut gemachten Projekten erhöht sich die Wahrscheinlichkeit, dass die teilnehmenden Schülerinnen später tatsächlich einen MINT-Beruf ergreifen. Die zweite Frage kann darüber hinaus aber nur umfassend diskutiert werden, wenn gesamtgesellschaftliche Rahmenbedingungen Berücksichtigung finden. Dies wird vor allem durch die Beiträge von Barbara Schwarze und Armgard von Reden gewährleistet. Die folgenden Empfehlungen gliedern sich deshalb in einen ersten Teil, in dem die Empfehlungen an Politik, Wirtschaft und Wissenschaft zusammengefasst, sowie einen zweiten Teil, in dem die konkreten Hinweise aus den vier Workshops für

S. Augustin-Dittmann (✉)
Technische Universität Braunschweig, Braunschweig, Deutschland
E-Mail: s.augustin-dittmann@tu-braunschweig.de

H. Gotzmann
Leibniz Universität Hannover, Hannover, Deutschland
E-Mail: helga.gotzmann@gsb.uni-hannover.de

© Springer Fachmedien Wiesbaden 2015
S. Augustin-Dittmann, H. Gotzmann (Hrsg.), *MINT gewinnt Schülerinnen,*
DOI 10.1007/978-3-658-03110-7_8

die Projektarbeit resümiert werden. Abschließend werden die Ergebnisse aus den Workshops, die über die Projektebene hinausreichen, zusammengetragen.

1 Mädchen und MINT – Empfehlungen für Politik, Wirtschaft und Wissenschaft

Bevor die Frage diskutiert werden kann, wie es gelingt, dass sich mehr Schülerinnen für MINT-Berufe entscheiden, muss zunächst analysiert werden, aus welchen Gründen Mädchen deutlich seltener einen MINT-Beruf wählen als ihre Mitschüler. Barbara Schwarze weist darauf hin, dass die Selbsteinschätzung von Mädchen in den MINT-Fächern vielfach negativ ist. Ein Studium in den Ingenieurwissenschaften stellt beispielsweise hohe technische und mathematische Anforderungen. Sogar wenn Schülerinnen in diesen Bereichen begabt sind und sich dies auch in den Noten widerspiegelt, trauen sie sich oft weniger zu. Sie haben Angst, ein solches Studium nicht zu schaffen. Dazu kommt, dass Mädchen meistens weder in den Hochschulen noch in den Unternehmen weibliche Rollenvorbilder haben. Die Schülerinnen befürchten deshalb eine Vereinzelung in Studium und Beruf. Besonders die Kombination aus eher negativer Selbsteinschätzung und befürchteter Vereinzelung schreckt viele Mädchen ab. Wenn sie sich die Beschreibungen der Studiengänge oder Berufe im Vorfeld anschauen, werden darüber hinaus oft nur die technischen Anteile hervorgehoben. Das erscheint vielen Mädchen weniger attraktiv. Die Anteile, bei denen es im Berufsalltag zum Beispiel um die Kooperation mit Menschen oder um die Lösung von konkreten Problemen geht, werden oft nicht sichtbar. Eine derartige Berufsbeschreibung würde aber bei deutlich mehr Schülerinnen auf Interesse stoßen.

Hier stellt sich die Frage, warum sich Mädchen weniger für Technik interessieren und ihre Leistungen schwächer einschätzen als Jungen. Barbara Schwarze und Armgard von Reden sehen gesellschaftliche Rahmenbedingungen als maßgeblich verantwortliche Gründe. Vor allem die Rolle der Medien sorgt weiterhin für eine Verbreitung von stereotypen Rollenbildern. Schwarze zeigt anhand eines kurzen Radiobeitrags das Image der MINT-Fächer in der Schule auf. Demnach würden schlechte Noten in diesen Fächern teilweise als nicht so problematisch wahrgenommen, weil in diesen Fächern meist nur unattraktive Schüler gute Noten hätten. MINT-Berufe stehen insgesamt nicht sehr weit vorn bei der Attraktivitätsbeurteilung durch Schülerinnen und Schüler. Dies belegt von Reden mit einer Statistik der beliebtesten Berufe von Jungen und Mädchen auf dem Gymnasium. Bei den Jungen belegt der Spitzensportler den ersten Platz. Der Ingenieur kommt auf Platz 4, während der Naturwissenschaftler auf Platz 7, der Informatiker auf Platz

11 und der Mathematiker auf Platz 12 folgt. Bei den Mädchen gilt die Ärztin als der beliebteste Beruf. Erst mit großem Abstand folgen die Ingenieurin auf Platz 9, die Naturwissenschaftlerin auf Platz 10 und die Mathematikerin auf Platz 11. Die Informatikerin schafft es nur auf Platz 14. Es zeigt sich, dass die MINT-Berufe unter Gymnasiastinnen und Gymnasiasten insgesamt ein eher negatives Image genießen. Unter den Mädchen wird das Image der MINT-Berufe allerdings noch schlechter beurteilt als unter den Jungen. Armgard von Reden verweist auf die zwar gestiegene Anzahl von Wissenschaftlerinnen und Kommissarinnen in den einschlägigen TV-Formaten. Sie zeigt aber auch, dass es immer noch eine Vielzahl von frauenkonnotierten, romantischen Serien gibt. In den Medien werden bis heute stereotype Annahmen über die Geschlechter reproduziert. Diese schlagen sich auch in den beruflichen Vorlieben nieder. Verstärkt wird die Stereotypisierung durch eine Produktentwicklung, die sich an den Geschlechterklischees orientiert. Von Reden präsentiert exemplarisch ein Notebook, das dem Design eines schwarzen Lamborghini nachempfunden ist und besonders Männer ansprechen soll. Daneben produziert derselbe Hersteller rosa- und pinkfarbene Notebooks, zum Teil auch mit Prinzessinnenfiguren, die von Mädchen und Frauen gekauft werden sollen.

Vor diesem Hintergrund sprechen Barbara Schwarze und Armgard von Reden zusammengefasst die folgenden zehn Empfehlungen aus:

1. **Regionale Kooperationen entlang der Bildungskette schaffen: Schulen, Hochschulen, Medien und Wirtschaft vernetzen**
   Vor dem Hintergrund des Ineinandergreifens der eher negativen Selbsteinschätzung von Mädchen, dem eher negativen Image der MINT-Fächer im Allgemeinen und bei Mädchen im Besonderen sowie den klischierenden Medien und Produktentwicklungsabteilungen der Unternehmen wird eine Vernetzung der relevanten Akteure empfohlen. Eine Zusammenarbeit von Schulen, Hochschulen, Medien und Wirtschaft kann Synergieeffekte entfalten und nachhaltig zu einem Imagewandel und einem positiven Verhältnis von Mädchen und MINT führen.

2. **Unternehmenskulturen ändern – Karrierebrüche vermeiden**
   Die Unternehmen können zudem als Einzelakteure zum Wandel beitragen, indem sie sukzessive ihre Unternehmenskultur verändern. Viele Unternehmen haben bereits seit einiger Zeit Maßnahmen eingeleitet. Dies trifft besonders auf die Unternehmen zu, die regelmäßig am „Girls' Day" teilnehmen. Unter Berücksichtigung des beginnenden Fachkräftemangels bietet sich hier eine große Chance der Nachwuchsrekrutierung. Je geschlechtergerechter ein Unternehmen aufgestellt ist, desto mehr Frauen wird es als Fach- und Führungskräfte gewinnen können. Dazu gehört neben einer geschlechtergerechten Personal-

und Personalentwicklungspolitik auch die Realisierung der Vereinbarkeit von Familie und Beruf. Karrierebrüche, die durch Familienphasen oder Teilzeitarbeit entstehen, müssen vermieden werden, sodass Frauen, und Männer gleichermaßen, ihren Beruf auch in verantwortlicher Position mit ihren familiären Aufgaben vereinbaren können. MINT-Berufe, die zukünftig eine solche Vereinbarkeit ermöglichen, werden in der Beliebtheit bei Schülerinnen, aber auch bei Schülern, denen das Thema zunehmend wichtiger wird, steigen.

3. **Genderkompetenz an alle Beteiligten vermitteln (Schulen, Hochschulen, Unternehmen)**
   Genderkompetenz als Grundvoraussetzung geschlechterorientierten Handelns nimmt eine Schlüsselstellung im gesamten Prozess ein. Genderkompetenz meint zum einen das Wissen über Geschlechterdifferenzen in der Gesellschaft, stereotype Zuschreibungen und sich daraus ergebende soziale Ungleichheiten. Zum anderen geht es um die Reflektion der eigenen Rolle und der eigenen Verhaltensweisen. Ziel ist es, Rahmenbedingungen zu schaffen, die es allen Menschen ermöglichen, Lebens- und Erwerbswege frei zu gestalten, ohne von stereotypen Erwartungen oder strukturellen Hindernissen eingeschränkt zu werden.

4. **Integration von Genderaspekten in die Studiengänge**
   Die Integration von Genderaspekten in die MINT-Fächer ermöglicht nicht nur Innovationspotenziale in der Forschung und in der Produktentwicklung. In der Lehre zählt die Integration von Genderaspekten mittlerweile zum internationalen Standard. Zudem trägt sie zu einer Attraktivitätssteigerung des Studiums bei. Vor allem Studentinnen sind stark interessiert an der gesellschaftlichen Kontextualisierung von MINT-Inhalten wie z. B. die Diskussion von umweltpolitischen Bezügen. Die Aufnahme von gesellschaftlichen Zusammenhängen – wie sie auch die Genderaspekte vielfach beinhalten – in die Studiengänge führt dazu, dass MINT-Fächer für Studentinnen, aber auch für Studenten, attraktiver werden.

5. **Bessere und frühere Verknüpfung von Schule und Hochschule**
   Um Schülerinnen frühzeitig den Möglichkeitsraum zu öffnen, ein MINT-Fach zu studieren, ist eine engere Verknüpfung von Schule und Hochschule unerlässlich. Je früher die Angebote ansetzen, desto eher gelingt ein breiter Wandel des Berufswahlverhaltens von Mädchen. Ein weiterer wichtiger Punkt ist in diesem Zusammenhang auch die Kontinuität der Angebote.

6. **Mehr Nachhaltigkeit der Projekte**
   Schülerinnen-Projekte im MINT-Bereich sollten langfristig durchgeführt werden. Zu Beginn eines Projekts muss zunächst viel Energie darauf verwendet werden, das Projekt bekannt zu machen und Teilnehmerinnen zu gewinnen. Je

länger ein Projekt läuft, desto leichter ist die Rekrutierung von Schülerinnen. Auch die Kooperation mit den jeweiligen Schulen etabliert sich erst mit längerer Laufzeit. Das Projekt kann so zu einem festen Bestandteil der Schulkultur werden.

7. **Stärkere Einbeziehung der Forschungsergebnisse der Sozialisations- und Geschlechterforschung in die Projektgestaltung**
Bei der Konzeption und Durchführung von Projekten muss im Sinne der Qualitätssicherung darauf geachtet werden, dass die Erkenntnisse der Sozialisations- und Geschlechterforschung einfließen. Nur Projekte, die auf den wissenschaftlichen Erkenntnissen aufbauen, können die Mädchen erreichen und zu Veränderungen führen. Die regelmäßige Kenntnisnahme der einschlägigen Forschungsergebnisse sowie die jeweilige Umsetzung sind deshalb Grundvoraussetzungen für erfolgreiche Projekte. Aus der Forschung zu konkreten Projekten haben sich bereits einige wesentliche Empfehlungen herauskristallisiert, die im Folgenden genannt werden.

8. **Praxisangebote, die Selbstbewusstsein und Selbstwirksamkeitserfahrungen ermöglichen**
Vor dem Hintergrund der oftmals negativen Selbsteinschätzung von Mädchen in den MINT-Fächern ist es von besonderer Bedeutung, ihnen die Möglichkeit zu bieten, Praxiserfahrungen in den Projekten zu sammeln. Das Durchführen von Experimenten oder das Arbeiten an Maschinen stärkt das Selbstbewusstsein und erhöht die Selbstwirksamkeitserwartungen, also die individuelle Einschätzung, ob eine bestimmte Situation aufgrund von eigenen Kompetenzen gemeistert werden kann. Je höher die Selbstwirksamkeitserwartung der Schülerinnen ist, bestimmte Anforderungen im Studium eines MINT-Faches erfolgreich zu absolvieren, desto höher die Wahrscheinlichkeit, dass sie das Studium eines MINT-Faches aufnehmen.

9. **Junge Rollenvorbilder einbinden**
Rollenvorbilder sind insgesamt ein wichtiges Instrument, mit denen Schülerinnen gezeigt werden kann, dass Frauen MINT studieren, in MINT-Berufen arbeiten und Familie und Beruf auch im MINT-Bereich vereinbaren können. Role Models nehmen Ängste und machen Mut, auch eher ungewöhnliche Wege einzuschlagen, denn sie zeigen, dass es funktioniert. Gerade bei Schülerinnen ist es aber wichtig, nicht nur erfolgreiche Fach- oder Führungskräfte aus dem MINT-bereich vorzustellen, sondern ihnen vor allem den Kontakt zu jungen Rollenvorbildern, also vor allem zu Studentinnen, zu ermöglichen. Besonders wirksam ist die Einbeziehung von ehemaligen Teilnehmerinnen der jeweiligen Programme, die mittlerweile studieren. Sie können direkt an die Lebenswirklichkeit der Schülerinnen anknüpfen und Perspektiven eröffnen.

10. **Netzwerke für die Mädchen ermöglichen**

Neben den Kontakten zu Vorbildern im MINT-Bereich ist auch der Aufbau eines Netzwerkes der Schülerinnen, die gemeinsam an einem Programm teilnehmen, von großer Bedeutung. Die Schülerinnen können sich austauchen und gegenseitig unterstützen. Besonders effektiv sind langfristige Netzwerke, auf die die Schülerinnen auch in der späteren Phase ihres Studiums oder sogar ihres Berufslebens zurückgreifen können.

2   Erfolgsfaktoren für Schülerinnen-MINT-Projekte: Ergebnisse der Workshops

Die Frage, was Schülerinnen-MINT-Projekte erfolgreich macht, wurde auf der Tagung nach den gemeinsamen Impulsvorträgen in vier Workshops diskutiert. Die Themen der Workshops wurden im Vorfeld durch eine Befragung der niedersächsischen Expertinnen und Experten (Projektbetreuende aus Schule und Hochschule, Verantwortliche in Unternehmen und Verbänden) ermittelt. Es sollten jeweils die wichtigsten Faktoren benannt werden, die zum Projekterfolg beitragen. Auf dieser Basis kristallisierten sich die meistgenannten Faktoren heraus. Sie wurden in die vier Workshops übertragen: 1. Schülerinnen gewinnen – sie abholen, wo sie stehen, 2. MINT-Image, 3. Role Models und 4. Gender-Sensibilisierung von Lehrenden. Die Ergebnisse aus den Workshops 1, 3 und 4 werden im Folgenden zusammengefasst. Workshop 2 konnte aus Krankheitsgründen nicht stattfinden. Deshalb erfolgt an dieser Stelle ein kurzes Resümee der wesentlichen Themen auf der Basis des von der Referentin in diesem Band geleisteten Beitrages.

2.1   Schülerinnen gewinnen – sie dort abholen, wo sie stehen

Im ersten Workshop, der von Marita Ahsendorf von der Universität Bielefeld moderiert wurde, stand die Frage „Welche Ansätze funktionieren gut, um junge Frauen für ein Studium oder eine Berufsausbildung in den MINT-Bereichen zu beraten, zu motivieren und zu begeistern?" im Mittelpunkt. Davon ausgehend wurden die Erfahrungen der Anwesenden bei der Motivation von Schülerinnen für die Teilnahme an MINT-Projekten zum einen sowie die Erfahrungen bei der Motivation von Studentinnen als Role Models für Schülerinnenprojekte zum anderen diskutiert.

Bei der Motivation von Schülerinnen für MINT-Projekte wurden die folgenden Punkte positiv betrachtet. Als sehr positiv wirkender Faktor wurde die Einbettung der Projekte in der Schule hervorgehoben. Dazu zählt zum einen die direkte Ermutigung und Ansprache der Schülerinnen durch Lehrerinnen und Lehrer und zum anderen die kontinuierliche Begleitung und Motivation im Schulalltag. Neben der schulischen Einbindung wurde für die Arbeit aus den konkreten Projekten hinaus die Kooperation mit weiteren Akteuren empfohlen. So sollten etwa Elterninitiativen einbezogen werden, da sie einen wesentlichen Einfluss auf die Berufswahl der Mädchen haben. Für den Übergang in eine Ausbildung im MINT-Bereich erweisen sich Kooperationen zwischen Unternehmen und Schulen in der jeweiligen Region als erfolgversprechend. Insgesamt bieten Arbeitsgruppen unter Beteiligung der verschiedenen Institutionen (Schulen, Hochschulen, Unternehmen) eine sehr gute Möglichkeit, erfolgreiche Projekte zu etablieren. Für den Projektverlauf beurteilten die Teilnehmenden des Workshops vor allem die folgenden Punkte als besonders relevant. Die Schülerinnen sollten frühzeitig angesprochen werden, wenn möglich schon ab der fünften Klasse, da hier das Interesse für Naturwissenschaften und Technik vielfach auch bei den Mädchen noch besteht. Ausbildungen, Studiengänge und Berufsmöglichkeiten sollten den Mädchen in ihrer Vielfalt vorgestellt werden. Dabei geht es um die Vielfalt der möglichen Berufe, die Vielfalt der Wege, die in den jeweiligen Beruf führen, sowie um die Vielfalt der Aufgaben, die der Beruf beinhaltet. Hier sollte vor allem auch darauf verwiesen werden, dass zum Beispiel auch in technischen Berufen viel mit anderen Menschen kommuniziert wird, oder der Einsatz von Fremdsprachen sehr wichtig sein kann. Ein weiterer Bereich, der als Erfolgsfaktor identifiziert wurde, ist das selbständige Ausprobieren. Schülerinnen, vor allem der Klassen acht bis zehn, sollten in den Projekten die Möglichkeit haben, eigene Praxiserfahrungen zu machen. Wenn die Praxiseinheiten von Studierenden betreut werden, die den Schülerinnen auf unkomplizierte Weise viele Fragen zum Studium beantworten können, werden weitere Hemmschwellen abgebaut. Mentoring-Programme, bei denen Studierende Schülerinnen in ihren eigenen Studiengang einführen und ihnen sowohl den Hochschulalltag als auch die beruflichen Möglichkeiten näher bringen, oder ähnliche Studieneinstiegsprogramme wie Schnupperwochen wurden in diesem Zusammenhang als besonders positive Beispiele genannt. Schließlich bestätigten auch die Teilnehmenden dieses Workshops die positive Wirkung von Role Models auf die Neigung der Schülerinnen, ein MINT-Studium oder eine -Ausbildung aufzunehmen. Ein gutes Beispiel liefern etwa weibliche Azubis, die auf der Ideenexpo ihre Ausbildungsgänge vorstellen. Als abschließender Punkt wurde betont, dass die Schülerinnen stets die Möglichkeit erhalten sollten, ein Feedback zum Programm geben zu können. Das stärke nicht nur die Identifikation mit dem Projekt, sondern biete auch die Chance, das Projekt kontinuierlich weiterzuentwickeln. Regelmäßige Evaluationen ermöglichten es zudem, den Projekterfolg auch nach außen zu vermitteln.

Bei der Durchführung von Schülerinnen-MINT-Projekten wurden ebenfalls einige Bereiche identifiziert, die als negative Faktoren in Erscheinung treten. In der Schule gelten die fehlende Sensibilisierung der Grundschullehrkräfte für MINT, die fehlende Einbindung der Thematik in den Unterricht, das fehlende Bewusstsein und die fehlende Zeit als Negativfaktoren. Hier wurde der Wunsch nach Umdenkungsprozessen in der Schule geäußert. Neben der jeweiligen kontinuierlichen Projektarbeit ist in diesem Kontext vor allem die Bildungspolitik gefragt, die Genderaspekte in das Curriculum der verschiedenen Fächer integrieren sollte, um Raum und Zeit für eine Auseinandersetzung mit der Thematik zu schaffen. Zudem seien auf der praktischen Ebene die Schulen zum Teil schwer zu erreichen und die Kommunikation zwischen Hochschulen und Schulen erweise sich als schwierig. In diesem Zusammenhang muss wiederrum auf die Relevanz der kontinuierlichen Projektarbeit verwiesen werden. Darüber hinaus motiviere das Image der MINT-Fächer in der Schule nur wenige Schülerinnen zum Studium eines MINT-Faches. Bei den Mädchen selbst wurde ein vielfaches Desinteresse an den MINT-Bereichen festgestellt, vor allem, wenn die Mädchen mitten in der Pubertät sind. Da vor dem Eintritt in die Pubertät das Interesse an MINT oft noch vorhanden ist, besteht eine wichtige Aufgabe darin, diese Motivation während der Pubertät aufrecht zu erhalten. Hinzu kommt das Schamverhalten der Mädchen, das sie daran hindert, sich auszuprobieren. An dieser Stelle zeigt sich die Wichtigkeit, die Mädchen frühzeitig für MINT (-Projekte) zu gewinnen und die Motivationsarbeit langfristig und kontinuierlich fortzuführen. Negativ wirke sich schließlich das Fehlen von Evaluationen aus: Die Frage, ob wirklich motiviert wurde, kann dann nicht beantwortet werden.

Insgesamt wurde in dem Workshop eine Reihe von Faktoren identifiziert, die sich positiv bzw. negativ auf die Motivation von Schülerinnen für die Teilnahme an MINT-Projekten auswirken und die in der Tabelle 1 zusammengefasst werden.

2.2 MINT-Image

Das Image der MINT-Fächer scheint ein wesentlicher Faktor dafür zu sein, dass junge Frauen im Durchschnitt wenig Interesse an ihnen haben. Wie die Impulsvorträge von Barbara Schwarze und Armgard von Reden zeigen, sind die MINT-Berufe in der Beliebtheitsskala von Gymnasiastinnen und Gymnasiasten eher in den mittleren und hinteren Rängen zu finden. Bei den jungen Frauen sind die Berufe indes noch weniger beliebt als bei ihren männlichen Altersgenossen. Dabei haben MINT-Berufe Zukunft. Vor dem Hintergrund des heraufziehenden Fachkräftemangels bieten diese Berufe große individuelle Karrierechancen. Zudem können zentrale gesellschaftliche Herausforderungen mitgestaltet werden: zum Beispiel die Mobilität der Zukunft, die Energiewende oder die Datensicherheit.

Tab. 1 Schülerinnen gewinnen – sie dort abholen, wo sie stehen (Workshop 1)

Positiv	Negativ
Einbindung der Projekte in den Schulen und Motivation der Schülerinnen durch Lehrkräfte	Fehlende Sensibilisierung der Grundschullehrkräfte
Einbeziehung von Elterninitiativen	Fehlende Einbindung und Bearbeitung von MINT-Inhalten im Schulalltag
Kooperation zwischen Schulen, Hochschulen und Unternehmen	Schulen zum Teil schlecht erreichbar
Frühzeitige Ansprache der Schülerinnen	Keine Motivation für ein MINT-Studium durch schlechtes Image der MINT-Fächer in der Schule
Aufzeigen von Vielfalt innerhalb der MINT-Berufe	Desinteresse der Mädchen an MINT (vor allem in der Pubertät) und Schamverhalten
Praxiserfahrungen ermöglichen	Fehlende Evaluationen
Einbeziehung von Rollenvorbildern	
Feedback ermöglichen und Evaluationen durchführen	

Da der Workshop aus Krankheitsgründen entfallen musste, basiert die Tabelle 2 im Anschluss auf den Ausführungen der Moderatorin in diesem Band. Eva Viehoff ist Koordinatorin in der Geschäftsstelle „Komm, mach MINT." und nennt vor allem folgende Punkte, die das Image der MINT-Fächer positiv und negativ beeinflussen.

2.3 Role Models

Der Einsatz von Role Models gilt als eine der geeignetsten Methoden, um jungen Frauen die Möglichkeiten einer bestimmten beruflichen Richtung oder einer Karriere aufzuzeigen und sie dafür zu begeistern. Role Models sind soziale Rollenvorbilder, mit denen sich die jungen Frauen auf der einen Seite identifizieren können, und die auf der anderen Seite bereits einige Schritte in eine Richtung gegangen sind, die sich die jungen Frauen im Prinzip vorstellen können, sich allerdings noch nicht zutrauen. Role Models motivieren, weil sie Möglichkeiten aufzeigen und im besten Fall Spaß an der Sache vermitteln. Sie senken die Hemmschwellen, weil sie zeigen, dass beispielsweise ein Studium der Elektrotechnik trotz der inhaltlichen Komplexität und der Sonderstellung als Frau leistbar ist. Und sie machen Mut, weil sie aus ihrer Erfahrung berichten, dass Hürden überwunden werden können. Vor diesem Hintergrund bearbeiteten die Teilnehmenden des Workshops die zentrale Frage, was Erfolgsfaktoren und was Fallstricke bei der Arbeit mit Role Models sind. Dabei kristallisierten sich drei wesentliche Handlungsfelder heraus: erstens

Tab. 2 MINT-Image (Workshop 2)

Positiv	Negativ
Nationaler Pakt für Frauen in MINT-berufen „Komm, mach MINT" mit dem Ziel, das MINT-Image zu verändern	Eine an stereotypen Einstellungen orientierte Sozialisation durch Eltern und Lehrkräfte
Broschüren zu Studium und Berufstätigkeit in den verschiedenen MINT-Disziplinen	Schlechte Selbsteinschätzung der jungen Frauen
Aufzeigen von historischen und aktuellen Rollenvorbildern (Internet, Broschüren, Women-MINT-Slam)	Geschlechtsspezifisches Berufswahlverhalten
Vorstellen der Vielfalt der MINT-Bereiche	Technikvermittlung ohne Kontext von Zukunftssicherung, Problemlösung und Nutzungsorientierung
Kontextualisierung der MINT-Fächer mit dem alltäglichen Leben	

die Ziele und Formate, zweitens die Auswahl und Eignung der Role Models und drittens die Einbettung (zum Beispiel in der Schule).

Als erster Handlungsbereich und als Basis eines erfolgreichen Projekts mit Role Models wurde im von Sandra Augustin-Dittmann (Technische Universität Braunschweig) moderierten Workshop die Definition von Zielen und Zielgruppe betrachtet, da erst davon ausgehend das Format gewählt werden kann. Gerade für Schülerinnen gilt, dass die Gruppen möglichst klein und die Role Models in Bezug auf Alter und Qualifikation den Schülerinnen möglichst nah sein sollten. So entsteht eine Kommunikation auf Augenhöhe, die wiederum grundlegend für die Identifikation der Schülerinnen mit den Role Models ist. Wenn das Format es hergibt, sollte mehr als ein Role Model einbezogen werden. So kann Vielfalt vermittelt werden. Verschiedene Role Models können zeigen, dass es unterschiedliche Wege in das Studium, ganz verschiedene Karrierewege und sehr heterogene Lebensentwürfe gibt. Dies erhöht die Chance, dass jede Schülerin Identifikationspunkte findet. Als negative Faktoren im Bereich Ziele und Format wurde vor allem hervorgehoben, dass teilweise Role Models gewählt würden, die nicht zu Zielgruppe und Programm passten, weil sie „zu weit weg" seien und somit die Identifikation erschwerten.

Das zweite Handlungsfeld, das im Workshop diskutiert wurde, bezieht sich auf die Auswahl und Eignung der Role Models. Es wurde empfohlen, dass sich die Projektverantwortlichen einen eigenen regionalen Pool von Role Models für die verschiedenen Zielgruppen und Formate anlegen sollten. Darüber hinaus und für besondere Situationen wurde auf die bundesweiten Datenbanken verwiesen. Bei der Auswahl der Rollenvorbilder sollte auf folgende Merkmale geachtet werden:

Leidenschaft für ihr Studium bzw. ihren Beruf sowie die Fähigkeit, dies auch vermitteln zu können, eine positive Ausstrahlung, ein authentisches Auftreten sowie Empathiefähigkeit. Doch nicht nur Frauen können geeignete Role Models sein. Moderne männliche Role Models können den Schülerinnen zum einen aufzeigen, dass sich die Rollenbilder auch in den MINT-Fächern verändert haben, und zum anderen, dass sie als Frau in einem immer noch männerdominierten Fach willkommen sind. Moderne Väter bieten als Role Model die Chance, den jungen Frauen ein Beispiel von partnerschaftlich organisierter Vereinbarkeit von Familie und Beruf zu zeigen und ihnen eventuell diesbezüglich vorhandene Ängste zu nehmen. Als Fallstrick wurde in diesem Handlungsfeld die Gefahr identifiziert, den Schülerinnen ein „Super Role Model" zu präsentieren. Wenn Role Models eine perfekte Biografie haben und vermitteln, dass sie stets sehr gute Noten hatten, ihr Studium sehr schnell absolviert haben, schnell die Karriereleiter aufgestiegen sind und es bei der Vereinbarkeit von Familie und Beruf nie Probleme gab, wirkt das einschüchternd auf die Schülerinnen. Angesichts all dieser Leistungsanforderungen kann bei den Schülerinnen schnell ein Gefühl der Überforderung entstehen. Role Models sollten deshalb nicht „zu perfekt" sein bzw. zugeben können, dass sie nicht „perfekt" sind.

Der dritte Handlungsbereich ist die Einbettung der Programme, die mit Role Models arbeiten. Als sehr positiv wirkender Faktor wurde im Workshop die Einbettung von Projekten in den Schulunterricht betrachtet. Demnach kann sowohl eine sehr hohe Zahl von Schülerinnen erreicht als auch die inhaltliche Reflektion gewährleistet werden. Darüber hinaus ist es von Vorteil, wenn im Vorfeld von Schulprojekten ein ausführliches Briefing der Lehrkräfte erfolgt, denn dies gilt insgesamt als wichtige Voraussetzung für den Erfolg von Programmen. Auch mit den Role Models sollte in einem Vorgespräch abgestimmt werden, welche Botschaften sie den Schülerinnen vermitteln. Dies ist zum Beispiel wichtig in Bezug auf die Angaben, die sie zur Intensität der benötigten mathematischen Vorkenntnisse machen, da vermeintlich zu hohe Voraussetzungen auf viele Schülerinnen abschreckend wirken können. Ebenfalls von großer Bedeutung ist das Briefing in Bezug auf Fragen zur Vereinbarkeit von Familie und Beruf, um auszuschließen, dass Role Models aus ihrer Erfahrung berichten, Kinder wären bei der Karriere hinderlich, und um der Gefahr des „Super Role Model" zu entgehen. Um einen realistischen Erwartungshorizont zu erzeugen, sollten auch die Schülerinnen im Vorfeld gebrieft werden. Zudem sollte das Programm mit allen Beteiligten nachbereitet werden. Eine negative Wirkung schreiben die Teilnehmenden des Workshops einhellig einer unzureichenden Vorbereitung von Veranstaltungen zu. Aus ihrer Sicht steht und fällt der Erfolg mit der Auswahl und Vorbereitung der Role Models.

Insgesamt lassen sich die positiven und negativen Faktoren, die in dem Workshop herausgefiltert wurden, wie in Tabelle 3 dargestellt zusammenfassen.

Tab. 3 Role Models (Workshop 3)

Positiv	Negativ
Definition von Zielen und Zielgruppe, bevor das Format gewählt wird	Weniger Identifikation mit Role Models, die nicht abgestimmt mit Programmzielen und „zu weit weg" von Schülerinnen sind
Kleine Gruppen	Bei „Super Role Models" Gefahr von Einschüchterung und Überforderungsgefühlen
Nähe zwischen Role Model und Schülerinnen	Nicht ausreichend vorbereitete Veranstaltungen (Vorgespräche, Briefing)
Aufzeigen von Vielfalt	
Regionale Datenbanken anlegen	
Auf Merkmale wie Leidenschaft und positive Ausstrahlung achten	
Einbeziehung von modernen Männern als Role Models	
Einbettung der Projekte zum Beispiel in der Schule	
Briefing der Role Models, der Schülerinnen und Lehrkräfte	

2.4 Gender-Sensibilisierung von Lehrenden

Im vierten Workshop ging es um die Gender-Sensibilisierung von Lehrenden. Die Teilnehmenden stellten sich die zentrale Frage, welche Methoden und Strategien für die Umsetzung jeweils für die Schule und die Hochschule ergriffen werden können. Dabei setzten sie sich mit drei Schwerpunkten auseinander: erstens mit der Reflexion von Erwartungshaltungen und Bewertungen bzw. Noten, zweitens mit monoedukativen Lehrangeboten und drittens mit der Integration von Genderforschung in die Lehramts- und MINT-Ausbildung.

Um eine Reflexion von Erwartungshaltungen und Bewertungen bei den Lehrkräften zu erreichen, ist es vor allem wichtig, regelmäßige Fortbildungen für Lehrerinnen und Lehrer mit dem Schwerpunkt Selbstreflexion anzubieten. Eine weitere wesentliche Empfehlung bezieht sich auf die Schaffung eines Bewusstseins für unterschiedliche Lernzugänge. Die Teilnehmenden des Workshops, der von Dunja Wermter (Move – Moderationsverein, Universität Bielefeld) moderiert wurde, kamen darin überein, dass in den MINT-Fächern teilweise die Einschätzung herrscht, es gebe *den einen besten Weg*, die Inhalte an die Schülerinnen und Schüler zu vermitteln. Das Lernverhalten ist aber individuell sehr verschieden. Es lassen sich auch Unterschiede zwischen Jungen und Mädchen feststellen. Mädchen interessieren sich beispielsweise dann besonders für naturwissenschaftliche oder technische

Inhalte, wenn diese in den gesamtgesellschaftlichen Kontext eingebunden werden. In der Schule bietet sich auch die Einbeziehung von Role Models an, um die Identifikation von Mädchen mit den MINT-Fächern zu intensivieren. Vor diesem Hintergrund sollte eine Sensibilisierung für Genderaspekte im Lehramtsstudium sowie in den Fortbildungen gestärkt werden. An den Hochschulen müsste es vor allem darum gehen, dass die Lehrenden ihre Erwartungshaltungen an die Studentinnen und Studenten stärker reflektieren. Eine Integration von Genderaspekten in das Studium der MINT-Fächer würde dazu beitragen, dass sowohl Studierende als auch (spätere) Lehrende ein Bewusstsein für mögliche Stereotypisierungen hätten.

Die Teilnehmenden des Workshops haben sich zweitens mit den Chancen von monoedukativen Lehrangeboten auseinandergesetzt. Da es in der Vergangenheit bereits Modellversuche gab, die teilweise gescheitert sind, wurde vorgeschlagen, in einem ersten Schritt zu analysieren, welche Gründe ausschlaggebend für das Scheitern gewesen sind. Auf dieser Basis könnten Fortbildungen angeboten werden, in denen Schlussfolgerungen für die Konzeption von neuen monoedukativen Modellen gezogen werden könnten. Aktuell bietet der Nachmittagsbereich von offenen Ganztagsschulen Möglichkeiten, monoedukative MINT-Angebote in den Schulalltag zu integrieren. So könnten beispielsweise AGs für Mädchen zu naturwissenschaftlichen oder technischen Themen angeboten werden. Allerdings muss auch bedacht werden, dass Monoedukation nicht zwangsläufig zum Erfolg führt. Im Fokus sollte die gegenseitige Anerkennung stehen. Im Bereich der Hochschule lässt sich feststellen, dass es seit längerer Zeit erfolgreiche monoedukative Studiengänge gibt, so zum Beispiel ein Informatik-Studiengang in Bremen. Als wichtige Maßnahme an den Hochschulen wird zudem die Schaffung von Begegnungsmöglichkeiten zwischen Professorinnen und Professoren auf der einen und Studierenden auf der anderen Seite betrachtet. Auf diesem Weg kann eine vertrauensvolle Atmosphäre geschaffen werden, die im Besonderen den Studienerfolg von Studentinnen erhöht.

Die dritte Handlungsempfehlung aus dem Workshop zielt auf die Integration der Geschlechterforschung in die Lehramts- und MINT-Ausbildung. Die Themen der Kern-Curricula der Schulen sollten an den Interessen der Mädchen und Jungen orientiert werden. Vor dem bereits skizzierten Hintergrund, dass vor allem gesellschaftliche Kontextualisierungen und lebensweltliche Bezüge das Interesse der Mädchen an den MINT-Fächern erhöhen, sollten die Curricula in diese Richtung modernisiert werden. Auch für viele Jungen werden die Fächer auf diesem Weg attraktiver. So kann zum Beispiel Umweltschutz in den Chemieunterricht integriert werden oder Fragen der Datensicherheit in den Informatikunterricht. Insgesamt sollte in der Schule das Selbstbewusstsein von Schülerinnen im MINT-Bereich gestärkt werden. An der Hochschule gilt es, die Ergebnisse der Geschlechterfor-

Tab. 4 Gender-Sensibilisierung von Lehrenden (Workshop 4)

Positiv	Negativ
Vermögen zur Reflexion von eigenen Erwartungshaltungen und Bewertungen	Einstellung, es gebe *den einen besten Weg*, MINT-Inhalte zu vermitteln
Bewusstsein für unterschiedliche Lernzugänge	Kein zwangsläufiger Erfolg bei Monoedukation
Analyse des Scheiterns von monoedukativen Angeboten und Neukonzeption	
Nutzen des Nachmittagsbereichs der offenen Ganztagsschule	
Integration gesellschaftlicher und lebensweltlicher Bezüge in den MINT-Unterricht	
Integration der Ergebnisse der Geschlechterforschung in die Hochschullehre	

schung in die Lehramtsausbildung allgemein, vor allem in die Didaktiken der MINT-Fächer, aber auch in die MINT-Fächer selbst zu integrieren. Reflexionsfähigkeit sollte in allen pädagogischen Ausbildungen gefördert werden. Dabei sollte sie sich nicht ausschließlich auf den Bereich Gender beziehen, sondern darüber hinausgehen und zum Beispiel auch Diversity-Aspekte berücksichtigen.

Die Empfehlungen des Workshops zur Gender-Sensibilisierung fasst Tabelle 4 zusammen.

3 Zusammenfassung der Empfehlungen

Abschließend werden die Empfehlungen aus den Impulsvorträgen und den Workshops zusammengefasst. Dabei werden die Ebenen Politische Rahmenbedingungen, Institutionelle Veränderungen und Konkrete Projektebene unterschieden.

Politische Rahmenbedingungen
- Integration der Ergebnisse der Geschlechterforschung in die MINT- und Lehramtsstudiengänge
- Reflexionsvermögen und Bewusstsein für unterschiedliche Lernzugänge in Fortbildungen für Lehrende und im Studium stärken
- Integration von gesellschaftlichen Kontextualisierungen in den MINT-Unterricht

- Analyse des Scheiterns von monoedukativen Angeboten und Neukonzeption
- weitere Unterstützung der Bemühungen um einen Image-Wandel der MINT-Fächer
- mehr Nachhaltigkeit der Schülerinnen-MINT-Projekte

Institutionelle Veränderungen
- regionale Kooperationen entlang der Bildungskette schaffen (Schule, Hochschule, Wirtschaft, Medien)
- Unternehmenskulturen verändern (Personalpolitik und Vereinbarkeit von Familie und Beruf)
- Vermittlung von Genderkompetenz an alle Beteiligten in den verschiedenen Institutionen
- bessere und frühere Verknüpfung von Schule und Hochschule

Konkrete Projektebene
- stärkere Einbeziehung der Forschungsergebnisse der Sozialisations- und Geschlechterforschung in die Projektgestaltung
- Integrieren von Praxisangeboten, die Selbstbewusstsein und Selbstwirksamkeitserfahrungen ermöglichen
- frühzeitige Ansprache der Schülerinnen
- Einbinden der Projekte in Schulen
- Nutzen des Nachmittagsbereichs der offenen Ganztagsschule
- Einbeziehen von Elterninitiativen
- Aufzeigen der Vielfalt von MINT-Berufen und innerhalb von MINT-Berufen
- Einbeziehen von Rollenvorbildern
- Sorgfältige Auswahl und Vorbereitung der Role Models sowie der Schülerinnen
- Aufbau von Netzwerken für die Mädchen
- regelmäßige Evaluationen der Projekte

Dr. Sandra Augustin-Dittmann ist seit 2011 Gleichstellungsbeauftragte und Leiterin der Präsidialstabsstelle Gleichstellung an der Technischen Universität Braunschweig. Seit 2012 ist sie stellvertretendes Vorstandsmitglied der Landeskonferenz Niedersächsischer Hochschulfrauenbeauftragter (LNHF). Sie war als wissenschaftliche Mitarbeiterin am Institut für Sozialwissenschaften der Technischen Universität Braunschweig mit Schwerpunkten in der Sozial-, Bildungs- und Gleichstellungspolitik tätig und promovierte mit einer Politikfeldanalyse zur Etablierung der Ganztagsschule in Deutschland. Ihre Arbeitsschwerpunkte liegen in den Bereichen der gleichstellungsorientierten Organisationsentwicklung, dem Abbau von Unterrepräsentanz mit Fokus auf den MINT-Fächern, der familiengerechten Hochschule sowie der Integration von Gender-Aspekten in Forschung, Lehre und Verwaltung. Sie hat einen regelmäßigen Lehrauftrag für das Fach „Gender & Diversity" am Institut für Sozialwissenschaften der Technischen Universität Braunschweig. *Aktuelle Publikation im Bereich Gender und MINT-Fächer*: Augustin-Dittmann, S. (2014). MINT und darüber hinaus. Gendersensibler Unterricht als Basis einer geschlechtergerechten Gesellschaft. In A. Bartsch & J. Wedl (Hrsg.), *Teaching Gender? Zum reflektierten Umgang mit Geschlecht im Schulunterricht und in der Lehramtsausbildung*. Bielefeld: transcript (im Erscheinen).

Helga Gotzmann ist Diplom-Sozialwissenschaftlerin und Gleichstellungsbeauftragte der Niedersächsischen Technischen Hochschule und der Leibniz Universität Hannover. Ferner wirkt sie als Mitglied in Ausschüssen und Kommissionen der Stadt und der Region Hannover und Gender Impuls. Seit 1993 arbeitet sie als Leiterin des Gleichstellungsbüros der Leibniz Universität. Ihre fachlichen Schwerpunkte sind Gleichstellungspolitik, Personalentwicklung, Konfliktmanagement, Qualifizierungsprogramme und Projekte. Sie nimmt Lehraufträge an der Hochschule für Angewandte Wissenschaft und Kunst Hildesheim/Holzminden/Göttingen und an der Leibniz Universität Hannover zu den Themen Gender Mainstreaming und Diversity Management wahr. *Aktuelle Publikation im Bereich Gender und MINT-Fächer*: Franzke, A., & Gotzmann, H. (Hrsg.). (2006). *Mentoring als Wettbewerbsfaktor für Hochschulen. Strukturelle Ansätze der Implementierung*. Hamburg: Lit-Verlag.

The manufacturer's authorised representative in the EU is Springer
Nature Customer Service Centre GmbH, Europaplatz 3, 69115 Heidelberg,
Germany. If you have any concerns regarding our products, please
contact ProductSafety@springernature.com

Printed and bound by CPI Group (UK) Ltd, Croydon, CR0 4YY
28/04/2026
02098531-0001